U0389793

高等学校教材

物理化学实验

杨百勤　主编

化学工业出版社
·北京·

图书在版编目(CIP)数据

物理化学实验/杨百勤主编 . —北京：化学工业出版社，2001.1（2022.10重印）
高等学校教材
ISBN 978-7-5025-3134-8

Ⅰ. 物… Ⅱ. 杨… Ⅲ. 物理化学-实验-高等学校-教材 Ⅳ.O64.33

中国版本图书馆 CIP 数据核字（2000）第 82293 号

责任编辑：陈有华　　　　　　　　　　装帧设计：蒋艳君
责任校对：李　丽　郑　捷

出版发行：化学工业出版社（北京市东城区青年湖南街 13 号　邮政编码 100011）
印　　装：大厂聚鑫印刷有限责任公司
850mm×1168mm　1/32　印张 6　字数 161 千字
2022 年 10 月北京第 1 版第 12 次印刷

购书咨询：010-64518888　　　　　　　售后服务：010-64518899
网　　址：http://www.cip.com.cn
凡购买本书，如有缺损质量问题，本社销售中心负责调换。

定　　价：21.00 元　　　　　　　　　　版权所有　违者必究

前　　言

目前，国内已出版了好几种版本的《物理化学实验》，编者的水平都比较高，内容比较丰富。但对工科院校来讲，考虑到物理化学实验学时的限制、实验经费的有限投入，加之物理化学课程内容的要求，很多有难度的、更先进的实验一般工科院校还难以开出。为此，我们在经过多年教学实践及我院各专业（制浆造纸、皮革工程、材料工程、硅酸盐工程、食品工程、生物化工、化学工程、应用化学等）对物理化学实验的要求，并参考国内外诸家教材的基础上编写了这本《物理化学实验》，除在我院各轻化工类专业使用外，还可供工科类高职高专院校师生参考。

本书分绪论、实验、附录三部分。绪论部分（必读内容）介绍了物理化学实验的目的和要求、误差及数据处理。附录部分除了对实验中所用仪器的基本原理和使用方法做了介绍外，还编有实验室安全知识一节（必读内容）及物理化学常用数据表，供学生在处理实验数据时查用。实验内容共二十三个，各实验均经过反复试做，内容比较成熟，方法可靠。内容涉及到化学热力学、电化学、化学动力学、表面化学和胶体化学等，不同专业按本专业要求可从中选做。每个实验均写有实验目的、预习要求、实验原理、仪器和药品、实验步骤、实验注意事项、实验记录和数据处理、思考题及参考资料等九项。格式新颖，条理清楚，便于学生阅读。思考题以启发引导学生深入思考，提高实验技术。本书在维持物理化学实验基本体系前提下，力求增加一些实用性实验，以满足工科学生的要求。如氟离子选择电极的测试和应用（在电化学分析实验中开设），乳状液的制备和性质（在胶体化学实验中开设）等等，而很多专业不开这些课程，所以就接触不到这些实验，增加了这方面的内容，可以让学生感到物理化学课并非是纯理论，物理化学实验并非是对理论的验证，让学生进一步领会理论与实践的关系。再如，弱电解质电离常数的测定，根据物理化学课程中讲授的电导测定应用内容，没有沿用多种实验书中介绍的实验方法，直接变为测一系列不同浓度 HAc 溶液的电导率，通过线性关系处理数据，更体现出物理化学实验数据处理的特点。编写的二十三个实验，不可能涵盖物理化学的全部内容，但我们想在提高实用性上作一些尝试。另外，随着电子技术和液晶技术的发展，很多仪器做得更加精致、巧妙，使用更为方便，使用者在装置上也可做适当调整。

本书编写采用国际单位制及国家法定计量单位名称、符号及表示法。

本书由杨百勤主编，参加编写的还有王保和、樊国栋、黄宁选。其中实验四、十一、十二、十四、十五、十六、十九、二十、二十一、二十三及绪论、附录一、二、三、八、九、十、十一、十二、十三、十五、十六由杨百勤执笔；实验一、十、十三、十八、二十二及附录四、五、六、七、十四由王保和执笔；实验二、六、八、九由樊国栋执笔；实验三、五、七、十七由黄宁选执笔；王保和绘制了部分插图，全书由杨百勤统稿。

西北轻工业学院王可鉴教授审阅了初稿的全部内容，杜宝中副教授审阅了部分内容，并提出了宝贵的指导意见，借此机会，对他们深致谢意。同时，在编写过程中，曾参考了国内外诸家教材，在此向教材作者深表感谢。

本书的正式出版得益于化学工业出版社及西北轻工业学院教务处的支持，在此表示衷心感谢。

由于我们水平有限，书中的缺点和错误在所难免，热忱欢迎批评指正，以便再版时得以更正。

编　者
2000 年 10 月

目　　录

I 绪　　论

第一节　物理化学实验的目的和要求

　　物理化学实验课的目的，在于培养学生开展有关物理化学研究工作的实验能力，了解物化实验中常见的物理量（如温度、压力、电性质、光性质等）测量与控制的原理和方法，掌握有关仪器的正确使用，学习对测量结果的数据进行科学的分析与处理。同时，通过实验验证有关理论，巩固与加深对物化原理的理解，为今后从事科研工作打下必要的基础。物化实验大多带有综合性，涉及化学领域中各分支所需的基本研究工具和方法，为了使学生通过物化实验有所收获，必须对学生进行正确的严格的基本操作训练并提出明确的要求，具体要求如下。

一、实验前的准备

　　1. 准备一本实验预习报告本。

　　2. 对实验内容及有关附录必须充分预习，了解本实验的目的，掌握实验所依据的基本理论，明确需要进行测量的项目和数据的记录，了解所用仪器的构造和操作规程，做到心中有数。

　　3. 写出实验预习报告，内容包括实验目的、简单的操作步骤，实验时要记录的数据，可设计成原始数据记录表，预习报告在实验前经指导教师检查。

二、实验过程

　　1. 进入实验室后按编号到指定的实验台，先按仪器使用登记本核对仪器。

　　2. 不了解仪器使用方法时，不得乱试，不得擅自拆卸仪器，仪器装置安装好后，必须先经指导教师检查无误后，方可进行实验。

　　3. 遇有仪器损坏，应立即报告教师，查明原因，并登记之。

4. 实验应按实验教材进行操作，不得随意更改，若有更改意见，需经指导教师同意后方可进行。

5. 公用仪器及试剂瓶不得随意更动原有位置，用毕要立即放回原处。

6. 实验数据应随时记在记录本上，不要用单张零纸，记录数据要详细准确，且注意整洁清楚，尽量采用表格形式，养成良好的记录习惯。

7. 充分利用实验时间，观察现象，记录数据，分析和思考问题。不得大声喧哗等。

8. 实验完毕后，实验数据交指导教师检查并签名，如不合格，需补做或重做。

9. 实验完毕后，应清理实验桌、拆卸实验装置、洗净仪器，保持实验室整洁。经指导教师同意后，方可离开实验室。

10. 对实验室安全操作应予以高度重视，请仔细阅读附录一"实验室安全知识"。

三、实验报告

1. 搞清数据处理的原理、方法、步骤及单位，仔细进行计算，正确表达数据结果，处理实验数据应各人独立进行，不得两人合写一份报告。

2. 报告内容包括：实验目的、简单原理、仪器装置示意图、实验条件（室温、大气压等）、实验数据、结果处理、思考题及讨论等。

实验数据尽可能采用表格形式，作图必须用坐标图纸，重点应放在对实验数据的处理和对实验结果的分析讨论上。一份好的实验报告应该目的明确、原理清楚、数据准确、作图合理、讨论深入、字迹清楚等。

第二节 物理化学实验中的误差及数据处理

一、误差的分类及其特点

在实验中,我们直接测定一个物理量,由于测量技术和人们观察能力的局限,测量值(X_i)与客观真值(X)不可能完全一致,其差值(X_i -

X）即为误差❶。根据引起误差的原因及其特点,可分为以下三类。

(一) 系统误差

此误差可由仪器刻度不准、试剂不纯、实验者操作不合理以及计算公式的近似性等引起。系统误差的特点是单向性,即在多次测量中,其误差常保持同一大小与符号,偏大始终偏大,偏小总是偏小。所以不能单纯依靠增加测量次数取平均值来消除。但是通过对仪器的校正、试剂的提纯、实验者操作偏向的改正等措施可使之减少到最小程度。也可以采用不同的仪器与方法测同一物理量,看结果是否一样,以达到识别系统误差的目的。

(二) 偶然误差

这是一种不能控制的偶然因素引起的误差,如外界条件不能维持绝对恒定(如电路中电压、恒温槽中温度的波动等)以及实验者对仪器最小分度值以下数值估计的出入等。偶然误差的数据有时大,有时小,可以正,也可以负。其出现完全出于偶然,其规律受着统计学的概率支配。因此,在同一条件下可以通过增加测量次数,使误差相消,测量的平均值就可接近真值。

设每次测量的偶然误差为 δ_i, $X_i = X + \delta_i$,(δ_i 可正可负),若测量 n 次,则

$$\sum_{i=1}^{n} X_i = nX + \sum_{i=1}^{n} \delta_i \qquad 或 \qquad X = \frac{\sum_{i=1}^{n} X_i}{n} - \frac{\sum_{i=1}^{n} \delta_i}{n}$$

因为

$$\lim_{n \to \infty} \frac{\sum_{i=1}^{n} \delta_i}{n} = 0$$

所以

$$X = \frac{\sum_{i=1}^{n} X_i}{n} = \frac{X_1 + X_2 + \cdots + X_n}{n} = \overline{X}$$

显然,在实验中测量次数 n 越大,算术平均值 $\overline{X}$ 越接近真

---

❶　因真值不能测得,只能在最佳条件下,在有限测量中求得接近真值的算术平均值($\overline{X}$),习惯上,都用测量值与平均值(或文献、手册上的公认值)之差,即偏差($X_i - \overline{X}$)来代替误差。

值 X。

(三) 过失误差

此误差是由于实验条件突然变化或实验者操作、计算的差错引起。这实属一种错误，过失误差无规可循，只要认真工作，便可避免。

总之，上述三类误差的大小不外是取决于设备的优劣、条件控制的好坏以及实验者操作水平的高低。在实验中系统误差应减少到最小程度，过失误差不允许存在，偶然误差却难于避免。这正是在最佳条件下测定还存在误差的原因所在。因此，一个好的测量结果应该只包含偶然误差。

二、偶然误差的正态分布

上面已述及偶然误差虽出于偶然因素，但若在相同条件下，用同一方法对某物理量进行多次测量时，发现其大小与符号的分布完全受概率支配。例如，用读数显微镜测量某一毛细管长度 X_i，共 42 次，在排除系统误差后，测得数据 X_i 及相应出现次数如下：

5.211（1 次）、5.212（4 次）、5.213（9 次）、5.214（13 次）

5.215（8 次）、5.216（4 次）、5.217（2 次）、5.218（1 次）

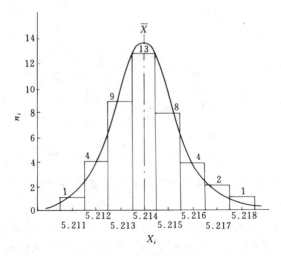

绪论图 1　测量值分布

$$平均值\ \overline{X} = \frac{1}{n}\sum_{i=1}^{n} X_i = \frac{1}{42}\sum_{i=1}^{42} X_i = 5.214$$

若以测量值 X_i 为横坐标，X_i 出现的次数 n_i 为纵坐标，设间距 $\Delta X = \pm 0.0005$，可得长方形组成的塔形分布（绪论图 1）。若用频率 $\frac{n_i}{N}$ 为纵坐标（N 为总的测量次数，在 N 次测量中 X_i 出现的次数为 n_i）也可以得到同样的分布。随着测量次数的增加，间距 ΔX_i 的缩小便可得一光滑曲线。当测量次数无限多，频率即概率。因此上述分布曲线即概率分布曲线。

偶然误差的出现受概率支配，因此，在偶然误差分析中我们常常是将绪论图 1 坐标变换为绪论图 2 坐标进行讨论的。即将 y 轴移到 X 处，横坐标用偶然误差 δ_i 代替 X_i，用 δ_i 的概率密度 $y = \frac{n_i}{N \Delta \delta_i}$ 为纵坐标。这类分布曲线称为正态分布（或高斯分布）。用数学方程式表示：

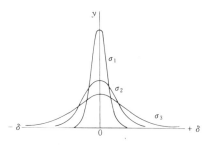

绪论图 2　偶然误差正态分布曲线

$$y = \frac{1}{\sqrt{2\pi}\sigma}\exp\left(-\frac{X_i^2}{2\sigma^2}\right)$$

式中　$\sigma = \sqrt{\dfrac{\sum\limits_{i=1}^{n}\delta_i^2}{N}}$ 定义为均方根误差。

显然，曲线以下的面积代表出现可能误差的全部可能性。

$$\int_{-\infty}^{+\infty} y\,\mathrm{d}\delta_i = \sum_{i=1}^{n}\left(\frac{n_i}{N\Delta\delta_i}\right)\Delta\delta_i = 1$$

从绪论图 1、绪论图 2 中，我们可以看到：

1. 在相同条件下，某一测量结果的误差，若符合正态分布，则说明这组测量值中只包含偶然误差。

2. 偶然误差的分布特点如下。

(1) $\delta_i = 0$ 的 X_i 出现概率最大，此 X_i 相当于平均值 $\overline{X}$，并以此 X_i 为最高点形成对称分布。

(2) 绝对值相等的正、负误差出现的机会相等。某误差出现的概率与误差大小有关，小的误差比大的误差出现机会多。

(3) 超过某一极限的误差值一般是不可能出现的。从概率论可知，当 $\delta > 2\sigma$，其出现的概率只出现所有可能误差的 0.3%，所以，测量的真值 X 是在 $X \pm 3\sigma$ 时，此误差就认为不属于偶然误差的范畴，此测量值应予舍弃。

3. 当 $\delta_i = 0$，即 $X_i = X$，此时 y 值最大。但同一物理量若测量的条件与方法不同，可得不同形状的分布曲线。曲线越陡窄，说明 σ 越小，则测量的精密度越高。

三、误差的表示

(一) 准确度与精密度

准确度反映了测量值与真值之间的符合程度，即测量准不准问题。精密度则反映测量结果的重复性，例如在 101.325kPa 下测得纯苯沸点，若每次测定的前 3 个有效数字都是 81.3，差别都只在小数点第二位，这组数据是很精密的，但是准确度很低。因为 101.325kPa 下纯苯的沸点应为 80.1℃，所以高精密度不能说明准确度好，而高准确度的数据却要足够的精密度来保证。

应该指出，测量中系统误差小，准确度就好，偶然误差小，精密度就高。

(二) 绝对误差与相对误差

测量值与真值之差，称为绝对误差 $\delta_i = X_i - X = X_i - \overline{X}$。

绝对误差与真值之比，称为相对误差 $A_i = \dfrac{\delta_i}{X} = \dfrac{X_i - X}{X} \times 100\%$。

可见，相对误差不仅与绝对误差有关，而且还取决于被测量值的大小，因而便于比较不同的测量结果，所以，普遍被采用。

(三) 算术平均误差 ($\Delta \overline{X}$) 与标准误差 (σ)

算术平均误差定义为：

$$\Delta \overline{X} = \frac{\sum_{i=1}^{n} |X_i - X|}{N} = \frac{1}{N} \sum_{i=1}^{n} |X_i - \overline{X}|$$

此外，还可用相对平均误差公式 $\frac{\Delta \overline{X}}{X} \times 100\%$ 来表示。

标准误差（又称均方根误差）在有限次的测量中表示为：

$$\sigma = \sqrt{\frac{\sum_{i=1}^{n} (X_i - \overline{X})^2}{N-1}}$$

算术平均误差计算方便，但在反映测定精密度时不够灵敏。若对同一测定量有两组数据，甲组每次的绝对误差彼此接近，乙组每次测量的绝对误差有大、中、小之别，如取 ΔX 表示，可能得到同一结果，如用标准误差（σ）表示，就易反映出它们之间的差别。

例如，在 CO 变换的催化反应中，若测得 CO 的转化率（%）有如下一组数据：15.12、15.15、15.06、15.30、14.98、15.21。则

算术平均值：

$$\overline{X} = \frac{1}{6}(15.12 + 15.15 + 15.06 + 15.30 + 14.98 + 15.21) = 15.14$$

算术平均误差：

$$\Delta \overline{X} = \frac{1}{6}(0.02 + 0.01 + 0.08 + 0.16 + 0.16 + 0.07) = 0.08$$

标准误差：

$$\sigma = \left[\frac{1}{6-1}(4 + 1 + 64 + 256 + 256 + 49) \times 10^{-4} \right]^{\frac{1}{2}} = 0.11$$

所以，CO 的转化率用算术平均误差表示：$(15.14 \pm 0.08)\%$

用标准误差表示：$(15.14 \pm 0.11)\%$

（四）仪器读数的精度

误差的计算，通常要求一定的测量次数，因此甚感不便，在系统误差已被克服的直接测量中，可根据使用仪器的精度来估计测量的可能误差范围。例：

一等分析天平 $\Delta \overline{X} = \pm 0.0001$g；$\frac{1}{10}$ 温度计 $\Delta \overline{X} = \pm 0.02$℃；二

等 50mL 移液管 $\Delta \overline{X} = \pm 0.12$mL；一等 100mL 容量瓶 $\Delta \overline{X} = \pm 0.10$mL。

如用 $\frac{1}{10}$ 温度计测得温度为 28.48℃，可表示为（28.48 ± 0.02）℃。

四、测量结果的正确记录和有效数字

测量的误差问题紧密地与正确记录测量结果联系在一起，由于测得的物理量或多或少都有误差，那么，一个物理量的数值和数学上的数值就有着不同的意义。例如：

数学上　　1.35＝1.35000…

物理上　　（1.35±0.01）m≠（1.3500±0.0001）m，因为物理量的数值不仅能反映出量的大小，数据的可靠程度，而且还反映了仪器的精确程度和实验方法。如（1.35±0.01）m 可用普通米尺测量，而（1.3500±0.0001）m 则只能采用更精密的仪器才行。因此物理量的每一位都是有实际意义的。有效数字的位数就指明了测量精确的幅度，它包括测量由可靠的几位和最后估计的一位数。

现将与有效数字有关的一些规则和概念分条综述如下。

（1）误差（绝对误差和相对误差）一般只有一位有效数字，至多不超过二位。

（2）任何一物理量数据，其有效数字的最后一位，在位数上应与误差的最后一位划齐，如：

1.35±0.01　　　正确

1.351±0.01　　夸大了结果的精确度

1.3±0.01　　　缩小了结果的精确度

（3）有效数字的位数越多，数值的精确程度也越大，即相对误差越小，如：

（1.35±0.01）m，三位有效数字，相对误差 0.7%；

（1.3500±0.0001）m，五位有效数字，相对误差 0.007%。

（4）有效数字的位数与十进位制单位的变换无关，与小数 的位数无关，如（1.35±0.01）m，与（135±1）cm 完全一样，反映了

同一个实际情况，都有 0.7% 的误差。但在另一种情况下，例如 148000 这个数值就无法判断后面三个 0 究竟是用来表示有效数字的，还是用以标志小数点位置的。为了避免这种困难，我们常常采用指数表示法。例如 158000 若表示三位有效数字，则可写成 1.58×10^5；若表示四位有效数字，则可写成 1.580×10^5。所以指数表示法不但避免了与有效数字的定义发生矛盾，也简化了数值的写法，便于计算。

（5）若第一位的数值等于或大于 8，则有效数字的总位数可以多算一位，例如 9.15 虽然实际上只有三位有效数字，但在运算时，可以看做四位。

（6）计算平均值时，若为四个数或超过四个数相平均，则平均值的有效数字位数可增加一位。

（7）任何一次直接量度值都要记到仪器刻度的最小估计读数，即记到第一位可疑数字。如用滴定管时，最小刻度数为 0.1mL，它的最后一位估计读数要记到 0.01mL。

（8）加减运算时，各数值小数点后面所取的位数与其中最少者相同。

$$0.254 + 21.2 + 1.23 = 0.3 + 21.2 + 1.2 = 22.7$$
$$21.21 - 0.2234 = 21.21 - 0.22 = 20.99$$

乘除运算时，所得的积或商的有效数字，应以各值中有效数字位数最少的值为标准，如：

$$2.3 \times 0.524 = 2.3 \times 0.52 = 1.196 = 1.2$$
$$5.32 \div 2.801 = 5.32 \div 2.80 = 1.90$$

用对数作运算时，对数尾部的位数应与真数的有效数字相等。如

$$\lg(1.32 \times 10^3) = 3.12$$

对于如 π，$\sqrt{2}$ 及有关常数可按需要任意取其有效数字。

五、函数的相对平均误差分析及应用

在实际工作中，我们的目的常常不是要得到如长度、体积之类的可以直接测量的数据，而是通过对几个物理量的直接测量，然后按照一定的函数关系进行计算。如由实验测得 m、p、V、T 值，通过

$M = \dfrac{mRT}{pV}$公式求得某气体的摩尔质量 M，显然，这类间接测量的函数误差是由各直接测量值的误差大小决定的。

令一函数 $u = f(x, y, z \cdots)$。x、y、$z \cdots$ 为各直接测定量，其相应的绝对平均误差为 Δx、Δy、Δz。

取 u 全微分

$$\mathrm{d}u = \left(\frac{\partial u}{\partial x}\right)_{y, z \cdots} \mathrm{d}x + \left(\frac{\partial u}{\partial y}\right)_{x, z \cdots} \mathrm{d}y + \left(\frac{\partial u}{\partial z}\right)_{x, y \cdots} \mathrm{d}z + \cdots$$

由于（1）Δx、Δy、Δz 的值都很小，上式中 $\mathrm{d}x$、$\mathrm{d}y$、$\mathrm{d}z$ 可用之代替。（2）估计函数 u 的最大误差时，是取各测定值误差的积累，即取其误差绝对值相加。所以

$$\frac{\Delta u}{u} = \frac{1}{f(x, y, z \cdots)} \left[|\frac{\partial u}{\partial x}| \cdot |\Delta x| + |\frac{\partial u}{\partial y}| \cdot |\Delta y| + |\frac{\partial u}{\partial z}| \cdot |\Delta z| \cdots + \cdots \right]$$

此式即为求各种形式函数相对平均误差的普遍式。

同样，$\dfrac{\Delta u}{u} \approx \mathrm{d}\ln u = \mathrm{d}\ln f(x, y, z \cdots)$

由此可见，欲求任一函数的相对平均误差，也可先取其函数的自然对数，然后再微分之，这种求法是比较方便的。

例　　$u = x + y + z$

$$\mathrm{d}\ln u = \mathrm{d}\ln(x + y + z)$$

所以　　$\dfrac{\Delta u}{u} = \dfrac{|\Delta x|}{x} + \dfrac{|\Delta y|}{y} + \dfrac{|\Delta z|}{z}$

例　　$u = x \cdot y \cdot z$

$$\mathrm{d}\ln u = \mathrm{d}\ln(x \cdot y \cdot z)$$

所以　　$\dfrac{\Delta u}{u} = \dfrac{|\Delta x|}{x} + \dfrac{|\Delta y|}{y} + \dfrac{|\Delta z|}{z}$

例　　$u = x^n$

$$\mathrm{d}\ln u = n \, \mathrm{d}\ln x$$

所以　　$\dfrac{\Delta u}{u} = \dfrac{|\Delta x|}{x}$

函数的算术平均误差 Δu 可由相对误差而得，即

$$\Delta u = u \cdot \frac{\Delta u}{u}$$

如上所述，对函数的误差进行分析，其主要的目的如下。

1. 在确定的实验条件与方法下，已知各直接测定值的误差，求函数的最大误差，分析该最大误差主要来自何方。

以萘在苯溶剂中，溶液凝固点的下降求萘摩尔质量的实验为例。已知计算公式为：

$$M_B = \frac{K_f m_B}{m_A(T_f^* - T_f)}$$

式中 m_A 与 m_B 分别为纯苯与萘的质量；T_f^* 与 T_f 分别为纯苯与溶液的凝固点，这些都是直接测定的量；$K_f = 5.12$ 是苯的凝固点下降常数。

若取 $m_B \approx 0.2mg$（用分析天平减量法称取 $\Delta m_B = \pm 0.0002$）；$m_A \approx 20g$（用工业天平减量法称取 $\Delta m_B = \pm 0.004g$）；用贝克曼温度计测其温差，已知贝克曼温度计的精度可达 $\pm 0.002℃$，所以 $\Delta(T_f^* - T_f) = 0.004K$。求萘摩尔质量的最大相对误差。

将函数先取对数再微分，则

$$d\ln M_B = d\ln\left[\frac{K_f m_B}{m_A(T_f^* - T_f)}\right]$$

$$d\ln M_B = d[\ln K_f + \ln m_B - \ln m_A - \ln(T_f^* - T_f)]$$

$$\frac{\Delta M_B}{M_B} = \left|\frac{\Delta m_B}{m_B}\right| + \left|\frac{\Delta m_A}{m_A}\right| + \left|\frac{\Delta(T_f^* - T_f)}{T_f^* - T_f}\right| \quad (误差累积)$$

$$= \frac{0.0002}{0.2} + \frac{0.04}{20} + \frac{0.004}{0.3}$$

$$= 0.1 \times 10^2 + 0.2 \times 10^2 + 1.3 \times 10^2$$

$$= 1.6\%$$

由此可见，在上述条件下，一次测量的最大相对误差可达 $\pm 1.6\%$，其主要来源于 $\dfrac{\Delta(T_f^* - T_f)}{T_f^* - T_f}$ 项，即凝固点下降温差的测定。所以要提高整个实验的精度，关键在于选用精密的温度计（如贝克曼温度计）。对溶剂的称量若改用分析天平，并不会提高最后的精度，相反却造成仪器与时间的浪费，欲想用增加萘的浓度来增加温差，降低 $\dfrac{\Delta(T_f^*-T_f)}{T_f^*-T_f}$，但因溶液浓度的增加不符合计算公式在原理上要求的稀溶液条件，反而引进了系统误差。

2. 在未确定实验条件下，事先对函数提出了最大允许误差的要求，问：各直接测量值的误差应如何控制，即应选择怎样精度的仪器？

以测一半径 $r \approx 1cm$，高 $h \approx 5cm$ 的圆柱体积 $V = \pi r^2 h$ 为例。今要求最后结果 $\dfrac{\Delta V}{V} = \pm 1\%$，问测量 r 与 h 的精度要求如何？

据计算公式可得：

$$\frac{\Delta V}{V} = 2\frac{\Delta r}{r} + \frac{\Delta h}{h} = \pm 0.01$$

设各直接测量值的误差对函数误差的贡献是相等的，即"等传播原则"，则

$$2\frac{\Delta r}{r} = \frac{\Delta h}{h} = \pm \frac{1}{2} \times 0.01$$

所以
$$\frac{\Delta r}{r} = \pm 0.0025$$

$$\Delta r = \pm 0.0025 \times 10 = \pm 0.025mm$$

$$\frac{\Delta h}{h} = \pm 0.005$$

$$\Delta h = \pm 0.005 \times 50 = \pm 0.25mm$$

可见，测量 r 应用螺旋测微器，测量 h 用游标尺，这样才能使相对误差 $\dfrac{\Delta V}{V}$ 为 1%。

六、实验结果表示——列表、图解、数学解析法

实验结果的表示法主要有三种方式：列表法、作图法和数学解析法。现将这三种方法的应用及表达时应注意事项分别叙述如下：

（一）列表法

做完实验后，所获得的大量数据，应该尽可能整齐地有规律地列表表达出来，使得全部数据能一目了然，便于处理运算，容易检查而减少差错。

列表时应注意以下几点。

（1）每一个表都应有简明而又完备的名称；

（2）在表的每一行或每一列的第一栏，要详细地写出名称、单位；

（3）在表中的数据应化为最简单的形式表示，公共的乘方因子应在第一栏的名称下注明；

（4）在每一行中数字排列要整齐，位数和小数点要对齐；

（5）原始数据可与处理的结果并列在一张表上，而把处理方法和运算公式在表下注明。

（二）作图法

利用图形表达实验结果，有许多好处，首先它能直接显示出数据的特点，像极大、极小、转折点等；其次能够利用图形作切线，求面积，可对数据进一步进行处理，用处极为广泛。其中重要的有：

（1）求内插值。根据实验所得的数据，作出函数间相互的关系曲线，然后找出与某函数相应的物理量的数值。

（2）求外推值。在某些情况下，测量数据间的线性关系可外推至测量范围以外，求某一函数的极限值，此种方法称为外推法。例如，强电解质无限稀释的摩尔电导 Λ_m^{∞} 的值不能由实验直接测定，但可直接测定浓度很稀的溶液的摩尔电导，然后作图外推至浓度为 0，即得无限稀溶液的摩尔电导。

（3）作切线以求函数的微商。从曲线的斜率求函数的微商在数据处理中是经常应用的。

（4）求面积计算相应的物理量。例如在求电量时，只要以电流和时间作图，求出曲线所包围的面积，即得电量的数值。

（5）求转折点和极值。这是作图法最大的优点之一，在许多情况下都应用它。例如最低恒沸点的测定、相界的测定等都用此法。

由于作图法的广泛应用，因此作图技术也应认真掌握，下面列出作图的一般步骤及作图规则。

1. 坐标纸和比例尺的选择。直角坐标纸最为常用，有时半对数坐标纸也可选用，在表达三组分体系相图时，常用三角坐标纸。

在用直角坐标纸作图时，以自变数为横轴，因变数为纵轴，横轴与纵轴的读数一般不一定从 0 开始，视具体情况而定。坐标轴上比例尺的选择极为重要。由于比例尺的改变，曲线形状也将跟着改变，若选择不当，可使曲线的某些相当于极大、极小或转折点的特殊部分看不清楚，比例尺的选择应遵守下述规则。

（1）要能表示出全部有效数字，以使从作图法求出的物理量的精确度与测量的精确度相适应。

（2）图纸每小格所对应的数值应便于迅速简便地读数，便于计算，如 1、2、5 等，切忌 3、7、9 或小数。

（3）在上述条件下，考虑充分利用图纸的全部面积，使全图布局匀称合理。

（4）若作的图线是直线，则比例尺的选择应使其斜率接近于 1。

2．画坐标轴。选定比例尺后，画上坐标轴，在轴旁注明该轴所代表变数的名称及单位。在纵轴之左面及横轴下面每隔一定距离写下该处变数应有之值，以便作图及读数。但不应将实验值写于坐标轴旁或代表点旁，横轴读数自左至右，纵轴自下而上。

3．作代表点。将相当于测得数量的各点绘于图上，在点的周围画上圆圈、方块或其他符号，其面积之大小应代表测量的精确度，若测量的精确度很高，圆圈应作得小些，反之就大些。在一张图纸上如有数组不同的测量值时，各组测量值的代表点应用不同符号表示，以示区别，并须在图上注明。

4．连曲线。作出各代表点后，用曲线板或曲线尺作出尽可能接近于诸实验点的曲线。曲线应光滑均匀、细而清晰，曲线不必通过所有各点，但各点在曲线两旁之分布，在数量上应近似于相等。代表点和曲线间的距离表示了测量的误差，曲线与代表点间的距离应尽可能小，并且曲线两侧各代表点与曲线间距离之和亦应近于相等。在作图时也存在着作图误差，所以作图技术的好坏也将影响实验结果的准确性。

5．写图名。写上清楚完备的图名及坐标轴的比例尺。图上除图名、比例尺、曲线、坐标轴外，一般不再写其他的字及作其他辅助线，以免使主要部分反而不清楚。有时图线为直线而欲求其斜率时，应在直线上取两点，平行坐标轴画出虚线，并加以计算。

作好一张图的另一个关键是正确地选用绘图仪器，"工欲善其事，必先利其器"。绘图所用的铅笔应该削尖，才能使线条明晰清楚，画线时应该用直尺或曲线尺辅助，不能光凭手来描绘。选用的直尺或曲线板应该透明，才能全面地观察实验点的分布情况，作出合理的线条来。

在曲线上作切线，通常应用下述两个方法。

（1）若在曲线的指定点 Q 上作切线，可应用镜像法，先作该点法线，再作切线。方法是取一平而薄的镜子，使其边缘 AB 放在曲线的横断面上，绕 Q 转动，直到镜外曲线与镜像中曲线成一光滑的曲线时，沿 AB 边画出直线就是法线，通过 Q 作 AB 的垂线即为切线。如绪论图 3（a）所示。

（2）在所选择的曲线段上作两条平行线 AB 及 CD，作两线段中点的连线，交曲线于 Q，通过 Q 作与 AB 或 CD 之平行线即为 Q 点之切点。如绪论图 3（b）所示。

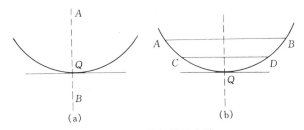

绪论图 3　作切线的方法

图是用形象来表达科学的语言，作图时应注意联系基本原则。例如，恒沸混合物，其组成随外界条件而变化，在 $T\text{-}x$ 图上并不出现奇异点，因此这时气相线和液相线在恒沸点时是光滑地相切，而不是突变地相交。

（三）数学解析法

当一组实验数据用图解法表示后，往往要求用方程式把 $x\text{-}y$ 之间关系表示出来，得到普遍的关系式，显然，最方便的是图解中得一直线，$y = ax + b$，因为直线不但易于描绘，而且还可以从图上直接确定式中常数 a 与 b。当 x-y 间表现出非线性关系时，如指数曲线关系，可通过坐标变换将函数线性化。

如化学反应速率常数（k）与温度（T）关系是 $k = k_0 e^{\frac{-E}{RT}}$，显然 $\{k\}$ 对 $\{T\}$ 作图得一指数曲线。若取 $\ln\{k\}$ 对 $\frac{1}{\{T\}}$ 作图则可得一直线：

$$\ln\{k\} = -\frac{E}{R} \cdot \frac{1}{\{T\}} + \ln\{k_0\}$$

从直线的斜率与截距即可分别求得 E、k_0 两个常数。直线的斜率和截距常用端值法求得。

这种用图解法求得线性方程中的常数，方法简单，但不精确，因作图带有一定任意性，将求得的常数代入方程式计算，得到的 $y_{i\text{计}}$ 值与各实验的 y_i 值尚存在有不小的差值（即残差）。在要求比较高的场合，常采用最小二乘法来计算。

最小二乘法的基本假设最好是直线与图上各点的偏差平方和为最小，即标准误差为最小。因为平方值都是正值，所以平方和最小，即意味着这些点与直线的偏差值都很小。显然，从此线求得常数来计算 y_i 值是最可能的测量值。

对方程 $y = ax + b$，测得 n 组 x_i、y_i 值。按以上假设应令 $\sum\limits_{i=1}^{n}[y_i - y_{i\text{计}}]^2$ 最小，即 $\sum\limits_{i=1}^{n}[y_i - ax_i - b]^2$ 最小，由极值条件可知：

$$\left[\frac{\partial \sum\limits_{i=1}^{n}(y_i - ax_i - b)^2}{\partial a}\right]_b = 0$$

得

$$a\sum_{i=1}^{n}x_i^2 + b\sum_{i=1}^{n}x_i - \sum_{i=1}^{n}x_iy_i = 0$$

$$\left[\frac{\partial \sum\limits_{i=1}^{n}(y_i - ax_i - b)^2}{\partial b}\right]_a = 0$$

得
$$a \sum_{i=1}^{n} x_i + \sum_{i=1}^{n} y_i + nb = 0$$

联立解以上两方程，则得出

$$a = \frac{\sum\limits_{i=1}^{n} x_i \sum\limits_{i=1}^{n} y_i - n \sum\limits_{i=1}^{n} x_i y_i}{(\sum\limits_{i=1}^{n} x_i)^2 - \sum\limits_{i=1}^{n} x_i^2}$$

$$b = \frac{\sum\limits_{i=1}^{n} x_i y_i \sum\limits_{i=1}^{n} x_i - \sum\limits_{i=1}^{n} y_i \sum\limits_{i=1}^{n} x_i^2}{(\sum\limits_{i=1}^{n} x_i)^2 - n \sum\limits_{i=1}^{n} x_i^2} = \frac{\sum\limits_{i=1}^{n} y_i - a \sum\limits_{i=1}^{n} x_i}{n}$$

例：有一组直线化后的数据如下，试求方程 $y = ax + b$ 中的常数 a、b。

x:　　0.03　　0.95　2.04　3.11　3.96　5.03　5.99　7.01　　8.10

y:　 -3.01　-0.97　0.96　3.08　4.86　7.11　9.03　10.93　13.28

（1）用作图法求：

见绪论图 4。从直线上任取

$A(x_1 = 6.25 , y_1 = 9.51)$

$B(x_2 = 1.80 , y_2 = 0.55)$

两点。

直线斜率

$$a = \frac{y_2 - y_1}{x_2 - x_1} = \frac{9.51 - 0.55}{6.25 - 1.80} = 2.01$$

在 y 轴上截距

$b = y_2 - ax_2 = 0.55 - 2.01 \times 1.80$

$b = -3.08$

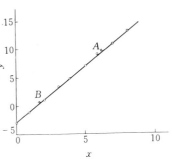

绪论图 4　作图法求斜率

所以求得方程为

$$y = 2.01x - 3.08$$

（2）用最小二乘法求：

n	x_i	y_i	x_i^2	$x_i y_i$
1	0.03	-3.01	0.0009	-0.0903
2	0.95	-0.97	0.9025	-0.9215
3	2.04	0.96	4.1616	1.9584

n	x_i	y_i	x_i^2	$x_i y_i$
4	3.11	3.08	9.6721	9.5788
5	3.96	4.86	15.6816	19.2456
6	5.03	7.11	25.3009	35.7633
7	5.99	9.03	35.8801	54.0897
8	7.01	10.93	49.4104	76.6193
9	8.10	13.28	65.6100	107.5680
$n=9$	$\sum\limits_{i=1}^{n}=36.22$	$\sum\limits_{i=1}^{n}=45.27$	$\sum\limits_{i=1}^{n}=206.3498$	$\sum\limits_{i=1}^{n}=303.8113$

$$a = \frac{\sum\limits_{i=1}^{n}x_i \sum\limits_{i=1}^{n}y_i - n\sum\limits_{i=1}^{n}x_i y_i}{(\sum\limits_{i=1}^{n}x_i)^2 - n\sum\limits_{i=1}^{n}x_i^2}$$

$$= \frac{(36.22) \times (45.27) - 9 \times (303.8113)}{(36.22)^2 - 9 \times (206.3498)}$$

$$= 2.008$$

$$b = \frac{\sum\limits_{i=1}^{n}x_i y_i \sum\limits_{i=1}^{n}x_i - \sum\limits_{i=1}^{n}y_i \sum\limits_{i=1}^{n}x_i^2}{(\sum\limits_{i=1}^{n}x_i)^2 - n\sum\limits_{i=1}^{n}x_i^2}$$

$$= \frac{(303.8113) \times (36.22) - (45.27) \times (206.3498)}{(36.22)^2 - 9 \times (206.3498)}$$

$$= -3.049$$

所以求得方程为 $y = 2.008x - 3.049$

七、习题

1. 计算下列各值，注意有效数字。

（1）乙醇摩尔质量为 $2 \times 12.01115 + 15.999 + 6 \times 1.00797$ （g·mol^{-1}）

（2）$(1.2760 \times 4.17) - (0.2174 \times 0.101) + 1.7 \times 10^{-2}$

（3）$\dfrac{13.25 \times 0.00110}{9.740}$

2. 下列数据是用燃烧热分析测定碳相对原子质量的结果：

12.0085	12.0101	12.0102
12.0091	12.0106	12.0106
12.0092	12.0095	12.0107
12.0095	12.0096	12.0101
12.0095	12.0101	12.0111
12.0106	12.0102	12.0112

求碳相对原子质量的平均值和标准误差。

3. 在629K 测定 HI 的解离度 α 时得到下列数据:

0.1914, 0.1953, 0.1968, 0.1956, 0.1937,

0.1949, 0.1948, 0.1954, 0.1947, 0.1938

解离度 α 与平衡常数的关系为:

$$2HI = H_2 + I_2$$

$$K = \left[\frac{\alpha}{2(1-\alpha)}\right]^2$$

试求在629K 时平衡常数 K 及其标准误差。

4. 物质的摩尔折射度 R,可按下式计算:

$$R = \frac{n^2-1}{n^2+2} \cdot \frac{M}{\rho}$$

已知苯的摩尔质量 $M = 78.08 \text{g} \cdot \text{mol}^{-1}$,密度 $\rho = 0.879 \pm 0.001 \text{g} \cdot \text{cm}^{-3}$,折射率 $n = 1.498 \pm 0.002$,试求苯的摩尔折射度及其标准误差。

5. 下列数据为七个同系列碳氢化合物的沸点:

碳氢化合物	沸点℃	碳氢化合物	沸点℃
C_4H_{10}	0.6	C_8H_{18}	124.6
C_5H_{12}	36.2	C_9H_{20}	156.0
C_6H_{14}	69.2	$C_{10}H_{22}$	174.0
C_7H_{16}	94.8		

摩尔质量 M 和沸点 T(K)符合下列公式:

$$T = aM^b$$

(1)用作图法确定常数 a 和 b;

(2)用最小二乘法确定常数 a 和 b,并与(1)的结果进行比较。

八、参考资料

1 冯师颜. 误差理论与实验数据处理. 北京：科学出版社，1964

2 北京大学化学系物理化学教研室. 物理化学实验. 北京：北京大学出版社，1985

Ⅱ 实 验

实验一　恒温槽装配和性能测试

一、实验目的

1.了解恒温槽的构造及恒温原理，初步掌握其装配和调试的基本技术。

2.绘制恒温槽的灵敏度曲线（温度-时间曲线），学会分析恒温槽的性能。

3.掌握贝克曼温度计和接触温度计的调节及使用方法。

二、预习要求

1.了解恒温槽的构造和恒温原理。

2.仔细地阅读有关贝克曼温度计和接触温度计的调节、使用方法以及它们在使用中的注意事项。

三、实验原理

在物理化学实验中所测得的数据，如折射率、粘度、蒸气压、表面张力、电导、化学反应速率常数等都与温度有关，所以许多物理化学实验必须在恒温下进行。通常用恒温槽来控制温度维持恒温。恒温槽所以能维持恒温，主要是依靠恒温控制器来控制恒温槽的热平衡。当恒温槽因对外散热而使水温降低时，恒温控制器就使恒温槽内的加热器工作，待加热到所需的温度时，它又使加热停止，这样就使槽温保持恒定。恒温槽装置如图 1-1 所示。

恒温槽一般由浴槽、加热器、搅拌器、温度计、感温元件、继电器等部分组成，现分别介绍如下。

1.浴槽。通常采用玻璃槽以利于观察，其容量和形状视需要而定。物理化学实验一般采用 10L 圆形玻璃缸。浴槽内的液体一般采用蒸馏水。恒温超过 100℃时可采用液体石蜡或甘油等。

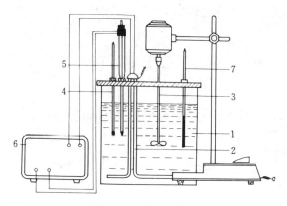

图 1-1　恒温槽装置

1—浴槽；2—加热器；3—搅拌器；4—温度计；5—感温元件（接触温度计）；
6—继电器；7—贝克曼温度计

2．加热器。常用的是电热器。根据恒温槽的容量、恒温温度以及与环境的温差大小来选择电热器的功率。如容量 20L、恒温 25℃的大型恒温槽一般需要功率为 250W 的加热器。为了提高恒温效率和精度，有时可采用两套加热器。开始时，用功率较大的加热器加热，当温度达恒定时，再用功率较小的加热器来维持恒温。

3．搅拌器。一般采用 40W 的电动搅拌器，用变速器来调节搅拌速度。

4．温度计。常用 1/10℃ 温度计作为观察温度用。为了测定恒温槽的灵敏度，可用 1/100℃ 温度计或贝克曼温度计。所用温度计在使用前需进行校正。

5．感温元件。它是恒温槽的感觉中枢，是提高恒温槽精度的关键所在。感温元件的种类很多，如接触温度计、热敏电阻感温元件等。这里仅以接触温度计（又称之为水银导电表）为例说明它的控温原理。接触温度计的构造如图 1-2 所示。它的构造与普通温度计类似，只是在水银上面有一个可上下移动的钨丝（触针），并利用磁铁的旋转来调节触针的位置。另外，接触温度计上下两段均有刻度，上段由标铁指示温度，它焊接上一根钨丝，钨丝下端所指的位置与上段标铁所指的温度相同。它依靠顶端上部的一块磁铁来调节钨丝的上下位置。当旋转磁铁时，就带动内部螺旋杆转动，使标铁上下移动，下面水银槽和上面螺旋杆引出两根线作为导电与断电用。当恒温槽温度未达到上端标铁所指示的温度时，水银柱与触针不接触；当温度上升并达到标铁所指示的温度时，钨丝与水银柱接触，并使两根导线接通。

6. 继电器。继电器必须与加热器和接触温度计相连，才能起到控温作用。实验室常用的继电器有电子管继电器和晶体管继电器。典型的晶体管继电器电路如图1-3所示。它是利用晶体管工作在截止区以及饱和区呈现的开关特性制成的。其工作过程是：当接触温度计的触点 T_r 断开时，E_c 通过 R_K 给锗三极管 BG 的基极注入正向电流 I_b，使 BG 饱和导通，继电器在 J 的触点 K 闭合，接通加热电源，当被控对象的温度升至设定温度时，T_r 接通，BG 的基极和发射极被短路，使 BG 截止，触点 K 断开，加热停止。这样反复进行，就使水温恒定在某一温度下，一般控制温度波动在 0.1 ～ 0.01℃。如进一步改进，增加其他设备可达 ±0.001℃。

由于这种温度控制装置属于"通"、"断"类型，当加热器接通后传热质温度上升并传递给接触温度计，使它的水银柱上升。因为传质、传热都需要有一个速度，因此，出现温度传递的滞后，即当接触温度计的水银触及钨丝时，实际上电热器的附近的水温已超过了指定的温度，因此，恒温槽温度必高于指定温度。同时降温时也会出现滞后状态。

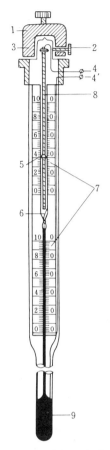

图 1-2　接触温度计的构造

1—调节帽；2—调节帽固定螺丝；3—磁铁；4—螺丝杆引出线；4′—水银槽引出线；5—标铁；6—触针；7—刻度板；8—螺丝杆；9—水银槽

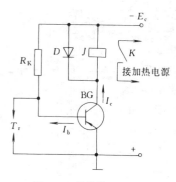

图 1-3　晶体管继电器
工作原理示意图

由此可知，恒温槽控制的温度是有一个波动范围的，而不是控制在某一固定不变的温度，并且恒温槽内各处的温度也会因搅拌效果的优劣而不同。控制温度的波动范围越小，各处的温度越均匀，恒温槽的灵敏度越高。灵敏度是衡量恒温槽好坏的主要标志。它除与感温元件、电子继电器有关，还与搅拌器的效率、加热器的功率等因素有关。

恒温槽的灵敏度是在指定温度下，观察温度的波动情况。用较灵敏的温度计，如贝克曼温度计，记录温度随时间的变化，最高温度为 t_1，最低温度为 t_2，恒温槽的灵敏度 t_E 为：

$$t_E = \pm \frac{t_1 - t_2}{2}$$

灵敏度常常以温度为纵坐标，以时间为横坐标，绘制成温度-时间曲线来表示，在图 1-4 中曲线（a）表示恒温槽灵敏度较高；（b）灵敏度较低；（c）表示加热器功率太大；（d）表示加热器功率太小或散热太快。

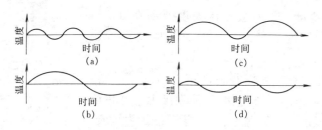

图 1-4　灵敏度（温度-时间）曲线

为了提高恒温槽的灵敏度，在设计恒温槽时要注意以下几点。

（1）恒温槽的热容量要大些，传热质的热容量越大越好。

（2）尽可能加快电热器与接触温度计间传热的速度。为此要使：

①感温元件的热容尽可能小，感温元件与电热器间距离要近一些；②搅拌器效率要高。

（3）作调节温度用的加热器功率要小些。

四、仪器和药品

玻璃缸	1个	接触温度计（1~100℃）	1支
温度计（1/10℃）	1支	贝克曼温度计（1/100℃）	1支
电子秒表	1块	电子继电器（自制）	1台
电动搅拌器	1台	加热器(加热功率可视需要而调节)	1支

五、实验步骤

1. 将蒸馏水注入浴槽至容积的 $\frac{2}{3}$ 处，按图 1-1 所示将接触温度计、电动搅拌器、电热器、温度计等安装好。

2. 将贝克曼温度计的水银柱调刻度到 2.5℃ 左右（调节方法见附录三），并安放到恒温槽中。

3. 旋开接触温度计上部的调节帽固定螺丝，旋动调节帽使标铁指示稍低实验温度处。接通电源、加热并搅拌。注意观察 1/10℃ 温度计读数，当温度将接近实验温度时，需重新调节接触温度计标铁，按调节帽每转动一周，钨丝上升 0.1 度的标准调节。这样即可很快调节到实验温度，当 1/10 温度计达实验温度，使钨丝与水银处于刚刚接通与断开状态（这一状态可由继电器的衔铁与磁铁接通或断开判断，也可由温度自动控制器的红绿指示灯来判断，一般说来，红灯表示加热，绿灯表示加热停止）。然后固定调节帽，需要注意在调节过程中，绝不能以接触温度计的刻度为依据，必须以 1/10℃ 的标准温度计为准。接触温度计的指数，只能给我们一个粗略的估计。

4. 恒温槽灵敏度的测定：待恒温槽已调节到实验温度恒温后，观察贝克曼温度计的读数，利用电子秒表，每隔 3min 记录一次贝克曼温度计的读数。测定约 60min，温度变化范围要求在 ±0.15℃ 之内。

改变恒温槽的加热功率，按同样手续测定下一个实验温度的恒温灵敏度。

六、实验注意事项

1．贝克曼温度计属于精密温度计，并且毛细管较长易损坏，所以在使用时必须十分小心，不能随便放置！

2．拿温度计走动时，要一手握住其中部位，另一手护住水银球，紧靠身边。

3．用夹子固定温度计必须要垫有橡皮，不能夹得太松或太紧。

4．贝克曼温度计在使用中，必须直立放置。用放大镜读数时，必须保持镜面的垂直。

七、实验记录和数据处理

1．将实验数据记录于下表中。

室温_____K　　　　　大气压_____Pa

实验温度_____℃ 加热功率_____W	时间/min	3	6	9	12	…
	读数					

2．以时间为横坐标，温度读数为纵坐标，绘制出温度-时间曲线。

3．由温度-时间曲线计算出恒温槽的灵敏度 t_E。

八、思考题

1．影响恒温槽的灵敏度都有哪些因素？

2．提高恒温槽灵敏度，可从哪些方面进行改进？

九、参考资料

1　H．K．伏洛勃约夫．物理化学实验．北京：高等教育出版社，1956．147

2　东北师范大学等编．物理化学实验．北京：人民教育出版社，1982．19

3　Daniels．Experimental Physical Chemistry．4th．1949

实验二　蒸气密度及摩尔质量的测定

一、实验目的

1．用梅耶（Meyer）法测定 CCl_4 和未知物的蒸气密度及摩尔质量。

2．通过实验掌握测量原理及方法。

二、预习要求

1．了解梅耶法测定摩尔质量的原理及方法。

2．了解量气管内待测样品蒸气分压的校对方法。

三、实验原理

理想气体状态方程为：

$$pV = nRT = \frac{m}{M}RT$$

式中　p——气体的压力，Pa；

V——气体所占的体积，m³；

n——气体物质的量，它可由气体质量（m）与它的摩尔质量
（M）之比求得；

R——气体常数；

T——绝对温度，K。

p、V、T、m 等数值，可以通过实验测定。因此，对于常温下
为液态，稍高于它的沸点下
加热而并不分解的挥发物性
质，可按上述状态方程用梅
耶法测定该物质在气态时的
摩尔质量。

将已准确称量的物质放
在蒸气密度测定仪（图 2-1）
的内管（气化管）中，在高
于该物质的沸点约 20℃以上
的温度下进行气化，则物质
的蒸气把等体积的空气从内
管排到量气管内，准确测定
排出气体的体积。记录实验
时量气管的温度和压力，经
过换算即可知道待测物质的

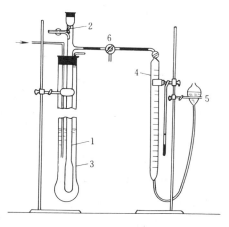

图 2-1　梅耶法气体密度测定仪

1—气化管；2—小玻璃泡；3—外套管；

4—量气管；5—水准球；6—三通活塞

摩尔质量。

四、仪器和药品

（一）仪器

梅耶蒸气密度测定仪	1套	量气管和水准球	1套
电加热器，调压变压器	1套	温度计(1/10℃,0～50℃)	1支
小玻璃泡	数个	真空泵	1台

（二）药品

四氯化碳（分析纯）

五、实验步骤

1．仪器装置如图 2-1 所示，检查气化管内是否干燥，在外套管中装入适量的蒸馏水。

2．准备一个小玻璃泡，将空泡放在分析天平上称重准至 0.1mg，然后利用加热排气法。加入待测液约 0.2mL，并小心地将小泡的毛细管尖端封闭，注意在封闭时玻璃小泡上的玻璃不能亏损，冷却后再称重，前后之差即为待测液的质量。

3．从气化管口小心地放入小泡，使其悬挂在气化管上部的小钩上，塞紧管口塞子。旋转三通活塞，使气化管和量气管相连，上下移动水准球，检查体系是否漏气。

4．接通电源，使外套中的水加热至沸，待气化管内的温度恒定后（如何判断?）旋转三通活塞使量气管与大气相连。将水准球慢慢往上提，使量气管液面接近顶端刻度处，再旋转三通活塞，使气化管和量气管相连，将气化管上部的玻璃棒稍往外抽，使得小泡落入气化管的底部而破碎，小泡内部的液体逐渐蒸发变成气体。

5．拿住水准球，逐渐往下落，使水准球内的水面和量气管内的水面保持同一高度，直到量气管内的液面保持不动，稍停片刻，待由气化管排至量气管内的热气体温度下降至室温，准确记录排出空气的体积及量气管的温度，记录实验时的大气压。

6．测定已知物质的摩尔质量后，打开气化管上部的活塞，并将抽气管伸入其底部，抽出蒸气，向指导教师索取一未知物质，如上法进行测定。

六、实验注意事项

1. 要求整个测量装置封密，不能有丝毫漏气。

2. 气化管内部不能含有其他易凝结的蒸气，否则由于待测液气化后顶出去的气体进入量气管中，会因温度较低而凝结成液体，影响结果的准确性。

3. 一定要使气化管内的温度恒定后再摔破小玻璃泡。

4. 小玻璃泡相当于小称量瓶，不能直接用手拿。

七、实验记录和数据处理

1. 将实验数据填入记录表中，查出在量气管的温度下水的蒸气压 p_{H_2O}，按下式求出量气管内蒸气的分压 p，一并填入下表中。

$$p = p_{大气压} - p_{H_2O}$$

实 验编 号	待测液重量/g	量气管初读数/m³	量气管末读数/m³	排出空气的体积/m³	空气的温度/K	大气压力/Pa
⋮						

水的蒸气压/Pa	量气管内蒸气分压/Pa	待测液摩尔质量		待测液蒸气密度	
		理想气体	实际气体	理想气体	实际气体

2. 分别利用理想气体状态方程和贝塞罗（Bertholot）方程求算所测物质的蒸气密度和摩尔质量。

$$M = m \frac{RT}{pV} \left[1 + \frac{9}{128} \times \frac{p}{p_c} \times \frac{T_c}{T} \left(1 - 6 \frac{T_c^2}{T^2} \right) \right]$$

式中 p_c ——临界压力；

T_c ——临界温度；

T ——量气管的温度。

八、思考题

1. 气化管与量气管的温度不同，为什么可用在量气管中测得的被排出空气的 p、V、T 来计算气化管内待测液的摩尔质量？

2. 如何检查漏气和气化管温度是否恒定？为什么要保持温度恒定？

3. 气化管内有易凝结的蒸气会有何影响？如何防止？

4．称量样品时要注意什么？样品太多或太少有什么不好？

5．各量程仪器的测量精密度是多少？如按理想气体状态方程计算，估算摩尔质量的标准误差。

九、参考资料

1　［美］H．D克罗克福特等．物理化学实验．北京：人民教育出版社，1980．43

2　北京大学化学系物理化学教研室．物理化学实验．北京：北京大学出版社，1985．39

3　罗澄源等编．物理化学实验．北京：人民教育出版社，1979．24

实验三　燃烧热的测定

一、实验目的

1．用氧弹量热计测定萘的摩尔燃烧热。

2．熟悉贝克曼温度计的测定原理和操作。

二、预习要求

1．了解用氧弹量热计测定燃烧热的基本原理。

2．熟悉贝克曼温度计的测定原理和正确操作方法。

3．了解氧气钢瓶及减压器的正确操作。

三、实验原理

在适当的条件下，许多有机物都能迅速而完全地进行氧化反应，这就为准确测定它们的燃烧热创造了有利条件。

为了使被测物质能迅速而完全地燃烧，就需要有强有力的氧化剂。在实验中经常使用压力为2.5～3MPa的氧气作为氧化剂。

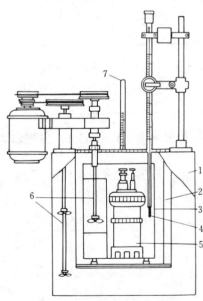

图 3-1　氧弹式量热计
1—恒温层；2—挡板；3—铜水桶；
4—贝克曼温度计；5—氧弹；
6—搅拌器；7—水夹套温度计

用氧弹式量热计（图 3-1）进行实验时，氧弹放置在装有一定量水的铜水桶中，水桶外是空气隔热层，再外面是温度恒定的水夹套。样品在体积固定的氧弹中燃烧放出的热、引火丝燃烧放出的热和由氧气中微量的氮气氧化成硝酸的生成热，大部分被水桶中的水吸收；另一部分则被氧弹、水桶、搅拌器及温度计等所吸收。在量热计与环境没有热交换的情况下，可写出如下的热量平衡式：

$$-Q_V \cdot a - q \cdot b + 5.98c = W \cdot C_水 \cdot \Delta t + C_总 \cdot \Delta t \qquad (3\text{-}1)$$

式中　Q_V——被测物质的定容热值，$J \cdot g^{-1}$；

　　　a——被测物质的质量，g；

　　　q——引火丝的热值，$J \cdot g^{-1}$（铁丝为 $-6694 J \cdot g^{-1}$）；

　　　b——烧掉了的引火丝质量，g；

　5.98——硝酸生成热为 $-59831 J \cdot mol^{-1}$，当用 $0.100 mol \cdot dm^{-3}$ NaOH 滴定生成的硝酸时，每毫升碱相当于 $-5.98J$；

　　　c——滴定生成的硝酸时，耗用 $0.100 mol \cdot dm^{-3}$ NaOH 的体积，mL；

　　　W——水桶中水的质量，g；

　　　$C_水$——水的比热容，$J \cdot g^{-1} \cdot K^{-1}$；

　　　$C_总$——氧弹、水桶等的总热容，$J \cdot g^{-1}$；

　　　Δt——与环境无热交换时的真实温差。

如在实验时保持水桶中水量一定，把式（3-1）右端常数合并得到下式：

$$-Q_V \cdot a - q \cdot b + 5.98c = K\Delta t \qquad (3\text{-}2)$$

式中　K——量热计常数，$J \cdot K^{-1}$，$K = W \cdot C_水 + C_总$。

标准燃烧热是指在标准状态下，1mol 物质完全燃烧成同一温度的指定产物〔C 和 H 的燃烧产物是 CO_2（g）和 H_2O（l）〕的焓变，以 $\Delta_c H_m^{\ominus}$ 表示。在氧弹式量热计中可测得物质的定容摩尔燃烧热 $\Delta_c H_m$。如果把气体看成是理想气体，且忽略压力对燃烧热的影响，则可由下式将定容燃烧热换算为标准摩尔燃烧热。

$$\Delta_c H_m^{\ominus} = \Delta_c U_m + \Delta nRT \qquad (3\text{-}3)$$

式中　△n——燃烧前后气体物质的变化。

　　实际上，氧弹式量热计不是严格的绝热系统，加之由于传热速度的限制，燃烧后由最低温度达最高温度需一定的时间，在这段时间里系统与环境难免发生热交换，因而从温度计上读得的温差就不是真实的温差 Δt。为此，必须对读得的温差进行校正，下面是常用的经验公式：

$$\Delta t_{校正} = \frac{V + V_1}{2} \times m + V_1 \times r \qquad (3\text{-}4)$$

式中　V——点火前，每半分钟量热计的平均温度变化；

　　　V_1——样品燃烧使量热计温度达最高而开始下降后，每半分钟的平均温度变化；

　　　m——点火后，温度上升很快（大于每半分钟 0.3℃）的半分钟间隔数；

　　　r——点火后，温度上升较慢的半分钟间隔数。

　　在考虑了温差校正后，真实温差 Δt 应该是：

$$\Delta t = t_{高} - t_{低} + \Delta t_{校正} \qquad (3\text{-}5)$$

式中　$t_{低}$——点火前读得量热计的最低温度；

　　　$\Delta t_{高}$——点火后，量热计达到最高温度后，开始下降的第一个读数❶。

　　式（3-4）的意义，可由图 3-2 所示的温度-时间曲线来说明。曲线的 AB 段代表初期体系温度随时间变化的规律，BC 代表温度上升很快阶段，CD 代表主期，DE 代表达最高温度后的末期，体系温度随时间变化的规律。从 B 点开始点火到最高温度 D 共经历了 $m + r$ 次读数间隔，在这段时间里，体系与环境热交换引起的温度变化可作如下估计：体系在 CD 段的温度已接近最高温度，由于热损失引起的温度下降规律应与 DE 段基本相同，故 CD 段温度共下降 $V_1 \times r$。而 BC 段介于低温和高温之间，只好采取两区域温度变化的平均值来

---

　　❶　点火后温度升到最高时，体系还未完全达热平衡，而温度开始下降的第一个读数则更接近热平衡温度。

估计，故 BC 段的温度变化为 $\dfrac{V+V_1}{2}\times m$。因此，总的温度改正即如式（3-3）所示。

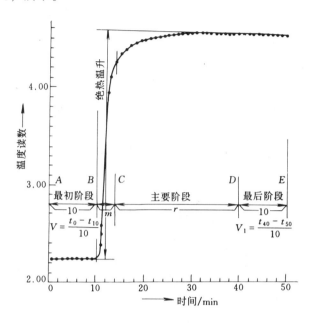

图 3-2　温度-时间曲线

从式（3-2）可知，要测得样品的 Q_{V}，必须知道仪器常数 K。测定的方法是以一定量的已知燃烧热的标准物质（常用苯甲酸，其燃烧热以标准试剂瓶上所标明的数值为准）在相同的条件下进行实验，测得 $t_{低}$、$t_{高}$，并用式（3-4）算出 $\Delta t_{校正}$后，就可按式（3-2）算出 K 值。

四、仪器和药品

（一）仪器

GR-3500 型氧弹量热计		分析天平	1 部
（压片机）	1 台	滴定管（50mL，碱式）	1 支
容量瓶（1L、2L）	各 1 个	万用电表（公用）	1 部
锥形瓶（150mL）	1 个		

（二）药品

苯甲酸（分析纯）　萘（分析纯）　引火丝　NaOH 标准溶液（0.100mol·dm^{-3}）　酚酞指示剂。

五、实验步骤

（一）量热计常数的测定

1.用布擦净压片模，在台秤上称约 1g 的苯甲酸，进行压片。样片若被玷污，可用小刀刮净，用微型手钻于药片中心钻一小孔，然后在干净的玻璃板上敲击 2～3 次，再在分析天平上准确称量。

2.用手拧开氧弹盖，将盖放在专用架上，装好专用的石英杯或不锈钢杯。用移液管取 5mL 蒸馏水放入弹筒中。

3.剪取约 10cm 引火丝在天平上称量后，将引火丝穿过药片，然后将两端在引火电极上缠紧，使药片悬在坩埚上方[1]。

用万用表检查两电极是否通路。盖好并用手拧紧弹盖，关好出气口，拧下进气管上的螺钉，换接上导气管的螺钉，导气管的另一端与氧气钢瓶上的氧气减压阀连接。打下钢瓶上的阀门及减压阀缓缓进气，当气压达 2.5～3MPa[2] 后，关好钢瓶阀门及减压阀，拧下氧弹上导气管的螺钉，把原来的螺钉装上，用万用表检查氧弹上导电的两极是否通路，若不通，则需放出氧气，打开弹盖进行检查。减压器的使用见附录二。

4.于量热计水夹套中装入自来水。用容量瓶准确量取 3L 自来水装入干净的铜水桶中，水温应较夹套水温低 0.5℃左右。用手扳动搅拌器，检查桨叶是否与器壁相碰。在两极上接上点火导线，装上已调好的贝克曼温度计，盖好盖子，开动搅拌器。贝克曼温度计的调节见附录三。

5.待温度变化基本稳定后，开始读点火前最初阶段的温度，每隔半分钟读一次，共 10 个间隔，读数完毕，立即按电钮点火。指示

---

[1]　也可取一段已称好质量的棉纱将样片绕几圈，则很易着火。棉纱值为 -16.7kJ·g^{-1}，应扣除。

[2]　对于苯甲酸和萘，充入 1.5MPa 的氧也能完全燃烧。

灯熄灭表示着火（如不着火可适当增大电流，重新点火），继续每半分钟读一次温度读数，至温度开始下降后，再读取最后阶段的 10 次读数，便可停止实验。温度上升很快阶段的温度读数可较粗略，最初阶段和最后阶段则需精密到 0.002℃。点火完后注意关好点火开关，以免下次实验时自动提前点火。

6. 停止实验后关闭搅拌器，先取下温度计，再打开量热计盖，取出氧弹并将其拭干，打开放气阀门缓缓放气。放完气后，拧开弹盖，检查燃烧是否完全，若弹内有炭黑或未燃烧的试样时，则应认为实验失败。若燃烧完全，则将燃烧后剩下的引火丝在分析天平上称量，并用少量蒸馏水洗涤氧弹内壁，将洗液收集在 150mL 锥形瓶中，煮沸片刻，用酚酞作指示剂，以 $0.001mol \cdot dm^{-3}$ NaOH 滴定。最后倒去铜水桶中的水，用毛巾擦干全部设备，以待进行下一次实验。

（二）萘的燃烧热的测定

在台秤上称约 0.7g 萘进行压片。其余操作与前相同。

六、实验注意事项

1. 进行氧气钢瓶及减压器操作时，应注意安全。

2. 贝克曼温度计属精密仪器且易碎，应按要求正确操作，以免损坏仪器。

3. 压片后的样品在分析天平上准确称量；铜水桶中的水也应用容量瓶准确量取。

七、实验记录和数据处理

1. 列出温度读数记录表格，按式（3-4）计算 $\Delta t_{校正}$，计算量热计常数。

2. 计算萘的标准摩尔燃烧热 $\Delta_c H_m^\ominus$，并与文献值比较。

八、思考题

1. 在使用氧气钢瓶及氧气减压阀时，应注意哪些规则？

2. 写出萘燃烧过程的反应方程式。如何根据实验测得的 Q_V 求出 $\Delta_c H_m^\ominus$？

3. 用电解水制得的氧气进行实验可以吗？为什么？

4. 为什么要测定真实温差？如何测定真实温差？

5. 测定非挥发性可燃液体的热值时，能否直接放在氧弹中的石英杯（或不锈钢杯）里测定？

九、参考资料

1 H. D. 克罗克福特等著. 物理化学实验. 北京：人民教育出版社，1980. 112

2 朱京. 化学通报. 1984. （3）：52

3 罗澄源等编. 物理化学实验. 第二版. 北京：高等教育出版社，1991. 29

实验四 液体饱和蒸气压的测定

一、实验目的

1. 掌握用静态法（亦称等压法）测定 CCl_4（或 C_6H_6，C_2H_5OH 等）在不同温度下的饱和蒸气压。

2. 学会用图解法求 CCl_4 的平均摩尔气化热和正常沸点的方法。

二、预习要求

1. 明确饱和蒸气压的定义，了解静态法测定饱和蒸气压的基本原理。

2. 了解如何检查体系密闭情况以及实验操作时抽气放气的控制。

三、实验原理

一定温度下，在一真空的密闭容器中，液体很快地和它的蒸气建立动态平衡，即蒸气分子向液面凝结和液体分子从表面上逃逸的速度相等，此时液面上蒸气压力就是该液体在此温度下的饱和蒸气压，升高温度，蒸气压增大。

纯液体的饱和蒸气压与温度的关系可用 Clausius-Clapeyron 方程式表示：

$$\frac{\mathrm{d}\ln p^*}{\mathrm{d}T} = \frac{\Delta\mathrm{vap}H_m^*}{RT^2} \tag{4-1}$$

式中　p^*——液体在温度 T 时的饱和蒸气压，Pa；

　　　T——绝对温度，K；

$\Delta\mathrm{vap}H_m^*$——液体摩尔气化热，$J\cdot mol^{-1}$；

　　　R——气体常数，$8.314 J\cdot K^{-1}\cdot mol^{-1}$。

在温度较小的范围内，$\Delta vap H_m^*$ 可视为常数，积分式（4-1）可得：

$$\ln\{p^*\} = -\frac{\Delta vap H_m^*}{RT} + B \qquad (4\text{-}2)$$

由式（4-2）知，若将 $\ln\{p^*\}$ 对 $\frac{1}{T}$ 作图应得一直线，斜率为负值。

斜率 $m = -\Delta vap H_m^*/R$

所以 $\qquad\qquad\qquad \Delta vap H_m^* = -Rm$

本实验采用静态法，即把 CCl_4 放在一个封闭体系中，在不同外压下测定液体的沸点，即得到不同温度下液体的饱和蒸气压。

四、仪器和药品

（一）仪器

蒸气压测定装置（见图 4-1）	1套	真空泵	1台
（u 形压差计可用数显压差计更换）		烧杯(500mL)	1个
磁力搅拌器	1台	气压计（实验室公用）	
水银温度计(50～100℃，1/10℃）	1支		

（二）药品

四氯化碳（分析纯）

五、实验步骤

1. 检查体系密闭情况。按图 4-1 装好仪器，关闭活塞 S_2，打开活塞 S_1，使测定体系减压，抽至水银压差计汞柱相差 2.00×10^4Pa（约 150mmHg）左右，关闭 S_1，观察压差计读数是否变化，以检查体系是否漏气，若不漏气打开 S_2 进行下一步实验。

2. 测大气压下沸点。通冷却水，将体系水浴加热至 90℃ 左右，置于磁力搅拌器上（注意平衡管一定要全部浸没入水中，平衡等位管的结构见图 4-2），使平衡管中有气泡从 C 面冲出，空气开始被排出，以赶净 A、B 管间的空气，不断搅拌，随着温度下降，从 C 面上冲出的气泡开始慢慢消失，待 B、C 两管液面等高时，立即读取水温及大气压，即得到该大气压下 CCl_4 液体的沸点。再重复测定一次大气压下沸点，若两次结果一致，紧接按以下步骤实验。

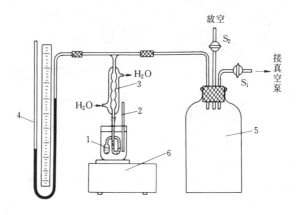

图 4-1 蒸气压测定装置

1—平衡管；2—温度计；3—冷凝管；4—水银压差计；

5—缓冲器；6—磁力加热搅拌器

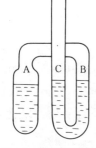

图 4-2 平衡等位管

3．测不同温度下 CCl_4 的饱和蒸气压。当上述的 B、C 两管液面等高时，立即关闭活塞 S_2，打开活塞 S_1 抽气，使压差计读数相差约 $5.33 \times 10^3 Pa$（40mmHg），再关闭 S_1，液体重又沸腾，不断搅拌，使体系温度下降，直至 B、C 管液面等高时，记录水温及压差计两边读数。

4．重复步骤 3，每次再减压约 $5.33 \times 10^3 Pa$，直至水银压差计汞柱相差 $4.26 \times 10^4 Pa$（约320mmHg）为止。实验开始和实验结束，应迅速读取两次大气压，取其平均值为实验室大气压。

六、实验注意事项

1．平衡管中 A、B 液面间的空气必须排除干净。

2．实验前先熟悉各个活塞开关的作用，注意两人的分工和合作，不要忙乱。开启 S_1 时要慢，严防压差计中水银被抽出。

3．防止空气倒吸（注意应该如何操作）。

七、实验记录和数据处理

室温＿＿＿＿＿＿K　　　　大气压＿＿＿＿＿＿Pa

实验温度			水银压差计读数			饱和蒸气压/Pa	
$t/℃$	T/K	$1/T×10^3$ $/(1/K)$	h_1	h_2	$\Delta h/Pa$	$p=p_0-\Delta h$	$\ln\{p^*\}$

表中　h_1、h_2 分别为水银压差计左、右支管的读数；p 为液体饱和蒸气压；t 为平衡时水浴温度（℃）；p_0 为实验时大气压。

1. 将实验数据列于上表中。

2. 作 $\ln\{p^*\}-\dfrac{1}{T}$ 直线图，求出直线斜率，由斜率算出 CCl_4 的平均摩尔气化热和 CCl_4 的正常沸点（即 101.325kPa 时的沸点）。

八、思考题

1. 为什么平衡管 A、B 中的空气要赶净？如何用实验方法判断它已被赶净？

2. 如何根据压差计读数确定平衡时液体的饱和蒸气压？

3. 在实验过程中如何防止空气倒灌？空气倒灌对测定有什么影响？

4. 通过实验说明影响蒸气压的因素有哪些？

九、参考资料

1　北京大学化学系物理化学教研室. 物理化学实验. 北京：北京大学出版社，1985. 58

2　复旦大学等编. 物理化学实验. 第二版. 北京：高等教育出版社，1993. 35

3　胡英主编. 物理化学. 上册. 北京：高等教育出版社，1999. 98

实验五　化学平衡常数及分配系数的测定

一、实验目的

1. 测定反应 $KI+I_2 \rightleftharpoons KI_3$ 的平衡常数。

2. 测定碘在四氯化碳和水中的分配系数。

二、预习要求

1. 明确平衡常数和分配系数的表示方法。

2. 了解间接法测定反应 $KI + I_2 \rightleftharpoons KI_3$ 达平衡时 I_2 浓度的原理。

3. 明确怎样确定反应 $KI + I_2 \rightleftharpoons KI_3$ 达平衡时 KI 及 KI_3 的浓度。

三、实验原理

在定温定压下，碘和碘化钾在溶液中建立如下平衡：

$$KI + I_2 \rightleftharpoons KI_3$$

为了测定平衡常数，应在不干扰动态平衡状态的条件下测定平衡组成。本实验采用容量滴定法，用 $Na_2S_2O_3$ 标准溶液测定达平衡时 I_2 的浓度，在滴定过程中随着 I_2 的消耗，上述反应将向左移动，使 KI_3 继续分解，最后只能测定 I_2 和 KI_3 浓度的总和，显然要在 KI 水溶液中用碘量法直接测出平衡时各物质浓度是不可能的。为了解决这个问题，可在上述溶液中加入 CCl_4，然后充分摇混，KI 和 KI_3 不溶于 CCl_4，当温度压力一定时，上述化学平衡以及 I_2 在四氯化碳层和水层的分配平衡同时建立，测得四氯化碳层中 I_2 的浓度，即可根据分配系数求得水层中 I_2 的浓度。

实验时将 I_2 的 CCl_4 饱和溶液与水混合，达平衡后

$$I_2（CCl_4\text{ 层中}）\rightleftharpoons I_2（\text{在 }H_2O\text{ 层中}）$$

设 I_2 在 CCl_4 层中浓度为 a'，I_2 在水层中浓度为 a，则分配系数 $K_d = \dfrac{a}{a'}$。

又将 I_2 的 CCl_4 饱和溶液与一已知浓度的 KI 水溶液相混合，在定温定压下有如下平衡：

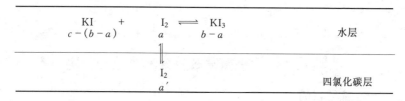

达平衡时，水层中各物质浓度表示如下。

I_2 的浓度： $a = a'K_d$

（$I_2 + KI_3$）浓度用 $Na_2S_2O_3$ 标准溶液滴定，即得水层中（$I_2 + KI_3$）总浓度，设为 b

KI_3 浓度：（$I_2 + KI_3$）浓度 $-I_2$ 浓度 $= (b-a)$

KI 浓度：由上述反应知，平衡时水层中 KI 的浓度等于 KI 初始浓度减去 KI_3 浓度，设 KI 初始浓度为 c，则 KI 的平衡浓度为 $[c-(b-a)]$。

所以反应 $KI + I_2 \rightleftharpoons KI_3$ 的平衡常数 K_c 为：

$$K_c = \frac{[KI_3]}{[I_2][KI]} = \frac{(b-a)}{a[c-(b-a)]}$$

四、仪器和药品

（一）仪器

碘量瓶(500mL，干燥)	1个	锥形瓶（250mL）	3个
（250mL，干燥）	2支	量筒	1个
移液管（50mL）	1支	恒温槽	1套
（10mL）	2支	滴定管(25mL，碱式)	1套
（5mL）	3支		

（二）药品

硫化硫酸钠标准溶液(0.01mol·dm^{-3})　　　　1% 淀粉溶液

碘的四氯化碳饱和溶液

KI 溶液(0.1000mol·dm^{-3})　　　　四氯化碳（分析纯）

五、实验步骤

1. 按表 5-1 要求，将溶液配于碘量瓶中，其中编号 1 为测定分配系数 K_d，编号 2 和编号 3 为测定平衡常数 K_c。

表 5-1　实验条件及编号

恒温温度 _____ K　　　　大气压 _____ Pa

KI 溶液浓度 _____ mol·dm^{-3}　　　　$Na_2S_2O_3$ _____ mol·dm^{-3}

编　号	混合液组成/mL				取样分析/mL	
	H_2O	KI	I_2/CCl_4	CCl_4	H_2O 层	CCl_4 层
1	200	0	25	0	50	5
2	0	100	25	0	10	5
3	50	50	20	5	10	5

2. 将配好溶液置于温槽中，每隔 5min 取出，用力振荡一次，每

次不超过半分钟，振荡几次后，在槽内静置 20～30min，混合液分为两层，按表 5-1 所列数据取样分析。

3. 水层分析。先用 $Na_2S_2O_3$ 溶液滴定至淡黄色，加 1mL 淀粉溶液作指示剂。然后滴至蓝色恰好消失。

4. 四氯化碳层分析。先在锥形瓶内加入约 5mL 水、5mL $0.1mol \cdot dm^{-3}KI$（促使 I_2 进入水层加快），再准确吸取 5mLCCl$_4$ 层样品置于锥形瓶内，为了不让水层样品进入移液管，用手指塞紧移液管上端口，直插入 CCl$_4$ 层中，加 1mL 淀粉溶液，用 $Na_2S_2O_3$ 溶液滴至水层蓝色消失，CCl$_4$ 层不再出现红色（滴定时要充分摇动）。

滴定后溶液中所含 CCl$_4$ 及未用完 CCl$_4$ 皆应倒入回收瓶中。

六、实验注意事项

1. 分析水层样品时，淀粉溶液不要加得太早，否则形成 I_2 的淀粉配合物不易分解。

2. 分析 CCl$_4$ 层样品时，注意不要混有水层，滴定时要充分摇动，使 CCl$_4$ 层中 I_2 转移到水层。

3. 实验过程中要注意样品的恒温。

七、实验记录和数据处理

将实验数据记录在表 5-2 中。

表 5-2　实验数据记录

编　　号	滴定时消耗 $Na_2S_2O_3$ 溶液体积数/mL							
	H_2O 层				CCl$_4$ 层			
	Ⅰ	Ⅱ	Ⅲ	平均	Ⅰ	Ⅱ	Ⅲ	平均
1								
2								
3								

数据处理见表 5-3。

表 5-3　数据处理

层　类	碘在各液层中浓度		
	1#	2#	3#
H_2O 层			
CCl$_4$ 层			

1. 计算某温度 T 时，I_2 在 CCl_4 层和水层的分配系数 K_d。

2. 计算某温度 T 时，反应 $KI + I_2 \rightleftharpoons KI_3$ 的平衡常数 K_c。

八、思考题

1. 测定平衡常数及分配系数为什么要求恒温？

2. 本实验为什么要通过分配系数的测定求化学反应的平衡常数？

3. 配制第 1、2、3 号溶液进行实验的目的何在？如何计算达平衡时 KI、I_2 和 KI_3 的浓度？

4. 如何加速平衡的到达？测定水层和四氯化碳层中 I_2 的浓度时，应注意什么问题？

九、参考资料

1 罗澄源等编. 物理化学实验. 北京：人民教育出版社，1979. 57

2 天津大学物理化学教研室编. 物理化学. 第三版. 上册. 北京：高等教育出版社，1992. 242

3 北京大学化学系物理化学教研室. 物理化学实验. 北京：北京大学出版社，1985. 108

实验六　配合物组成和不稳定常数的测定
——等摩尔系列法

一、实验目的

1. 学会用等摩尔系列法测定配合物组成，掌握不稳定常数的基本原理和实验测定方法。

2. 掌握 722 型光栅分光光度计和 pHS-3C 型酸度计的使用方法。

二、预习要求

1. 了解用分光光度法测定配合物组成及不稳定常数的基本原理。

2. 了解 722 型光栅分光光度计的构造原理及使用方法。

三、实验原理

配合物 MA_n 在水溶液中存在着下列平衡：

$$M + nA \rightleftharpoons MA_n$$

达配位平衡时

$$K_{\text{不稳}} = \frac{c_{M,e} \cdot c_{A,e}^n}{c_{MA_n,e}} \tag{6-1}$$

式中 $K_{不稳}$——配合物不稳定常数；

$c_{M,e}$、$c_{A,e}^n$、$c_{MA_n,e}$——分别为配位平衡时金属离子（中心离子）、配位体和配合物的浓度；

n——为配位数。

在配合物的生成反应中，常伴有颜色的明显变化，因此研究配合物的吸收光谱可以测定它们的组成和不稳定常数。

（一）配合物组成的测定

在维持金属离子 M 和配位体 A 总浓度不变的条件下，取相同的 M 溶液和 A 溶液配成一系列 $\dfrac{c_M}{c_M+c_A}$ 的溶液，这一系列溶液称为等摩尔系列溶液。当所生成的配合物 MA_n 的浓度最大时，配合物的配位数 n 可按 $n=c_{A,max}/c_{M,max}$ 关系直接由溶液的组成求得。

显然，通过测定某一随配合物含量发生相应变化的物理量，例如光密度 D 的变化，作出性质-组成图，从曲线的极大点便可直接得到配合物的组成。

配合物的浓度和光密度的关系符合 Lambert-Beer 定律。

$$I = I_0\exp(-Kcd)$$

故 $$\ln\frac{I_0}{I} = Kcd = D$$

$$A = \frac{1}{2.303}D \qquad T = \frac{I}{I_0}$$

式中 K——吸收系数，它与溶液的性质、入射光波长有关；

c——溶液浓度；

d——盛放溶液的比色皿透光厚度；

D——光密度；

T——透光率；

A——吸光度。

利用分光光度计或光谱仪器测定溶液光密度 D 与浓度 c 的关系，即可求得配合物的组成，不同配合物的光密度-组成图具有不同的形式。

若除配合物外，金属离子 M 及配位体 A 与配合物在同一波长有一定吸收，则必须对所测光密度值加以校正，即在光密度-组成图上，联结配位体浓度为零和金属离子浓度为零的两点直线，把实验所观察到的光密度值 D 减去对应组成上该直线读得的光密度值 D'，所得之差值 $\Delta D = D - D'$ 就是该溶液中配合物的光密度值（见图 6-1），然后作 ΔD-$\dfrac{c_M}{c_M + c_A}$ 图，从极大点可求得配合物的组成。

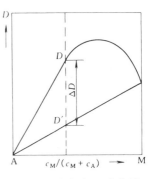

图 6-1 光密度-组成曲线

欲得到较好的结果，应选择被测溶液最适宜的波长，其方法是通过测定不同波长时该溶液的光密度值，作波长-光密度曲线，从中选择配合物吸收度较大而其他离子吸收度较小的波长，本实验选择 700nm 或 700nm 以上较为适宜。

配合物的组成与溶液的 pH 值有关，例如 Cu(Ⅱ)-磺基水杨酸配合物，pH 值在 3～5.5 时形成 MA 型，pH 值在 8.5 以上时形成 MA_2 型，而 pH 值在 5.5～8.5 时，则由 MA 型转化为 MA_2 型。

磺基水杨酸的结构如下：

$$HO_3S \begin{array}{c} \text{——OH} \\ \text{——COOH} \end{array}$$

—SO_3H 中的 H 在水溶液中易离解， —COOH 中 H 在水溶液中较易离解， —OH 中的 H 在水溶液中难离解。

（二）不稳定常数的测定

在配合物明显解离的情况下，用等摩尔系列法得到图 6-2 中的曲线 2，曲线具有不明显的转折。如果在 A 和 M 处作曲线的切线 P 和 Q，两线交于 N 点，N 与曲线 2 极大的组成相同，虚线 1 代表配合物不解离时光密度变化的情形。

设在 N 点的光密度为 D_0，曲线 2 极大点的光密度为 D，则配合

46

物的解离度 α 为：

$$\alpha = \frac{解离部分}{总浓度} = \frac{总浓度 - 配合物浓度}{总浓度} = \frac{D_0 - D}{D_0} \qquad (6\text{-}2)$$

因 MA 型配合物的 $K_{不稳} = \dfrac{c\alpha^2}{1-\alpha}$，故将该配合物浓度 c 及式（6-2）求出的 α 代入此式，即可算出不稳定常数。

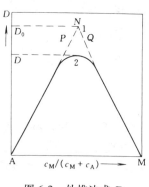

图 6-2　外推法求 D_0

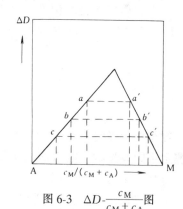

图 6-3　$\Delta D\text{-}\dfrac{c_M}{c_M + c_A}$ 图

当配合物解离度很小时，此法不易得到准确结果，此时，可在 $\Delta D\text{-}\dfrac{c_M}{c_M + c_A}$ 曲线上找出光密度相等的两点（如图 6-3 中的 $a\text{-}a'$ 点，$b\text{-}b'$ 点等），在对应两点的溶液中配合物浓度必定相等，设对应于两等光密度点的起始金属离子浓度和配位体浓度分别为 c_M、c_M' 和 c_A、c_A'，则：

$$K_{不稳} = \frac{(c_M - x)\ (c_A - nx)^n}{x}$$

$$= \frac{(c_M' - x)\ (c_A' - nx)^n}{x}$$

解上列方程，可得 x，进而可求得 $K_{不稳}$ 的值。

通常，配合物溶液的光密度与温度有关。

Cu（Ⅱ）-磺基水杨酸配合物溶液的光密度在 20～30℃ 间随温度变化很小，在实验误差范围之内。

四、仪器和药品

（一）仪器

722 型光栅分光光度计	1 台	pHS-3C 型酸度计	1 台
磁力搅拌器	1 台	容量瓶（50mL）	11 个
烧杯（50mL）	13 个	滴瓶（100mL）	4 个
洗瓶（500mL）	2 个	移液管（10mL，刻度）	2 支

（二）药品

磺基水杨酸溶液（0.1mol·dm^{-3}，以酚酞为试剂，用标准碱滴定）

硫酸铜溶液（按磺基水杨酸溶液的浓度配制） 邻苯二甲酸氢钾缓冲溶液（pH 值与温度的关系见附录八） H$_2$SO$_4$（0.5mol·dm^{-3}；0.25mol·dm^{-3}；pH=4.5） NaOH（1mol·dm^{-3}；0.5mol·dm^{-3}）

五、实验步骤

（一）磺基水杨酸溶液及硫酸铜溶液的配制和标定（此步骤学生可不做）

用 $\frac{1}{100}$ 天平称取含量≥99.0％的分析纯磺基水杨酸晶体 12.84g，溶于 500mL 容量瓶中，以酚酞为指示剂，用标准 NaOH 溶液准确标定其浓度。然后再按其浓度，用 $\frac{1}{10000}$ 天平准确称取分析纯 CuSO$_4$·5H$_2$O 晶体，配制于 500mL 容量瓶中，并使其摩尔浓度与磺基水杨酸浓度相等（均为 0.1mol·dm^{-3}）。

（二）等摩尔系列溶液的配制

按表 6-1 于烧杯中配制等摩尔系列溶液，各溶液的 c_M+c_A 均为 0.040mol·dm^{-3}。酸度计应先用邻苯二甲酸溶液校准，用 NaOH 溶液及 H$_2$SO$_4$ 溶液调整 pH 值至 4.5（先用较浓的溶液粗调，当 pH 值按近 4.5 时，再用较稀溶液细调，滴加溶液时，首先必须把玻璃电极提高，以免被磁力搅拌棒打碎，然后边搅拌边加液）。然后将被测溶液移入 50mL 容量瓶中，用少量 pH=4.5 的硫酸溶液冲洗电极及烧杯，冲洗液移入容量瓶中，最后用该硫酸溶液稀释至刻度。

（三）等摩尔系列溶液光密度的测定

经指导教师检查后接通电源，取光路长度为 10mm（或 20mm）

的比色皿，洗净后，第一支盛 pH = 4.5 的硫酸，其余依次盛放待测溶液（在盛入溶液前应用该溶液将比色皿洗三次）。将波长调至 700nm，测定各溶液透光率 T，换算为光密度 D（722 型光栅分光光度计的构造原理与使用方法见附录十三）。

六、实验注意事项

1. pHS-3C 型数字式酸度计接通电源后，需预热 30min 方可测定，722 型光栅分光光度计要在初调后的 10min，才能开始使用仪器，连续使用时间不能超过 2h。

2. 比色皿为精密光学器皿，使用时应注意保护其透光面。

3. 配制等摩尔系列溶液的后 3 个溶液时，应尽量用较稀的 NaOH 溶液调 pH 值。并要缓慢滴加，不断搅拌，以防止局部过浓而生成 $Cu(OH)_2$ 沉淀。

七、实验记录和数据处理

室温＿＿＿＿＿＿K　　　　　大气压＿＿＿＿＿＿Pa

硫酸铜溶液浓度 c_M = ＿＿＿＿＿＿＿＿ $mol \cdot dm^{-3}$

磺基水杨酸溶液浓度 c_A = ＿＿＿＿＿＿＿ $mol \cdot dm^{-3}$

溶液 pH = ＿＿＿＿＿＿＿　　　　波长＿＿＿＿＿＿＿nm

（一）配合物组成的确定

D' 为溶液中由于金属离子 M 和配位体吸收产生的光密度。作 D-$\dfrac{c_M}{c_M + c_A}$ 图。通过联结 $\dfrac{c_M}{c_M + c_A}$ 为 0 和 1.0 两点的直线求得不同组成溶液的 D' 值和 ΔD 的值（$\Delta D = D - D'$），并以 ΔD 对 $\dfrac{c_M}{c_M + c_A}$ 作图。由此确定 Cu^{2+} 与磺基水杨酸在 pH = 4.5 时所生成的配合物组成。

将实验记录及数据处理记录在表 6-1 中。

表 6-1　实验记录及数据处理

$\dfrac{c_M}{(c_M + c_A)}$	0	0.1	0.2	0.3	0.4	0.5	0.6	0.7	0.8	0.9	1.0
D											
D'											
$\Delta D = D - D'$											

（二）配合物不稳定常数的计算

在 $\Delta D - \dfrac{c_M}{c_M + c_A}$ 图上，通过 $\dfrac{c_M}{c_M + c_A}$ 为 0 和 1.0 处分别作曲线的切线，两切线交于一点，从图上找到该点相应的光密度 D_0 以及曲线上极大点的光密度 D_{max}，由 D_0 和 D_{max} 计算解离度 α。

$$\alpha = \frac{D_0 - D_{max}}{D_0}$$

最后计算该配合物的不稳定常数。

$$K_{不稳} = \frac{c\alpha^2}{1 - \alpha}$$

八、思考题

1. 如何配制等摩尔系列溶液？为什么要控制溶液的 pH 值？
2. 怎样确定配合物组成？
3. 如果除配合物外，金属离子和配位体亦吸收光，应怎样校正？

九、参考资料

1　东北师范大学等校编. 物理化学实验. 北京：人民教育出版社，1984. 79
2　复旦大学等编. 物理化学实验. 上册. 北京：人民教育出版社，1979. 73

实验七　凝固点降低法测定摩尔质量

一、实验目的

1. 掌握凝固点降低法测定萘的摩尔质量的原理与方法。
2. 学会正确使用贝克曼温度计。

二、预习要求

1. 了解凝固点降低法测定摩尔质量的原理与方法。
2. 了解贝克曼温度计的构造及使用方法。

三、实验原理

当溶质和溶剂不生成固溶体，而且浓度很稀时，溶液的凝固点降低 ΔT_f 与溶质的质量摩尔浓度成正比，则：

$$\Delta T_f = T_f^* - T_f = K_f \times \frac{m_B}{M_B m_A} \tag{7-1}$$

或

$$M_B = K_f \times \frac{m_B}{\Delta T_f m_A} \tag{7-2}$$

50

式中　　K_f——凝固点降低常数，它取决于溶剂的性质；

　　　　M_B——溶质的摩尔质量，$kg \cdot mol^{-1}$；

　　　　m_B——溶质的质量，kg；

　　　　m_A——溶剂的质量，kg。

　　根据式（7-2），我们只要测定已知浓度溶液的 ΔT_f，便可计算出溶质摩尔质量。

　　对于凝固点高于0℃的物质，通常利用冰作为降温介质。纯物质在凝固前，液体的温度随时间均匀下降，当达到凝固点时，液体结晶，放出热量，补偿了对环境的热损失，因而温度保持恒定，直至全部凝固为止，以后温度又均匀下降。若以温度对时间作图得到的冷却曲线如图7-1（Ⅰ）所示，实际上液体结晶过程往往有过冷现象，液体的温度要降到凝固点以下才析出晶体，随后温度再上升至凝固点，其冷却曲线如图7-1（Ⅱ）所示。

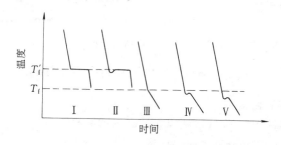

图 7-1　冷却曲线

　　溶液的冷却情况就不相同，当冷却至凝固点时，开始析出固体纯溶剂，由于溶剂自液相析出后，溶液的浓度相应地提高，因而溶液的凝固点并不是一个恒定温度，而是随着溶剂的不断析出凝固点也不断降低，如图7-1（Ⅲ）、（Ⅳ）所示，故在测定一定浓度溶液的凝固点时，要求析出的固体越小越好，否则会影响原溶液浓度。过冷程度也尽量减少，若过冷现象严重，如图7-1（Ⅴ）所示，则所测的凝固点将偏。为此在结晶时可加入少量溶剂的微小晶粒作为晶种，促使晶体生成，或用加速搅拌方法加快晶体形成。

　　由以上讨论可知，溶液的凝固点应为冷却曲线上温度回升所达到的最高点。

本实验以苯为溶剂，以萘为溶质，测定凝固点降低值 ΔT_f，按公式计算萘的摩尔质量。

四、仪器和药品

（一）仪器

凝固点下降仪	1套	读数放大镜	1个
贝克曼温度计	1支	大、小搅拌器	各1个
普通温度计（0～100℃）	1支	压片机	公用
玻璃缸	1个	木盖及软木塞	
移液管（25mL）	1支		

（二）药品

萘（分析纯）　　　苯（分析纯）　　　碎冰等

五、实验步骤

（一）调节贝克曼温度计

在苯的凝固点（5.7℃）时，水银柱读数在2～4℃之间（调节方法见附录三）。

（二）调节寒剂温度

调节冰水的量使寒剂温度为3℃左右（寒剂温度以不低于所测液体的凝固点3℃为宜）。在实验过程中经常用搅拌并间断地补充少量冰，使寒剂保持此温度。

（三）苯的凝固点测定

按图7-2，将凝固点测定仪安装好，凝固点管，贝克曼温度计及玻璃搅棒均须清洁干燥，搅拌时要防止搅棒与管壁或温度计相摩擦。

用移液管取25mL苯，加入凝固点管，加入的苯液要足够浸没贝克曼温度计的水银球，但也不宜太多，尽量不要溅在壁上，塞上软木塞，以免苯挥发，并记下加入苯液的温度。

先将盛有苯液的凝固点管1直接插入寒剂6中，上下移动搅棒3，使苯液逐渐冷却，一旦有固体析出，将凝固点管1自寒剂中取出，将管外冰水擦干，插在空气套管5中，缓慢均匀地搅拌，每分钟观察一次贝克曼温度计读数。直到温度稳定，此即苯的近似凝固点。

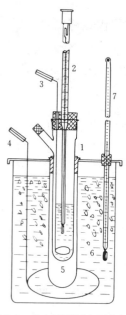

图7-2 贝克曼凝固点测定仪
1—凝固点管;2—贝克曼温度计;
3、4—搅棒;5—空气套管;
6—寒剂;7—普通温度计

取出凝固点管,用手温热至管中的固体完全熔化。再将凝固点管直接插入寒剂中缓慢搅拌,使苯液较快地冷却,当苯液温度降至高于近似凝固点 0.5℃时迅速取出凝固点管,擦干并插入空气套管 5 中,缓慢搅拌约每分钟一次,使苯液温度均匀地逐渐下降。当温度低于近似凝固点 0.3℃左右时应加速搅拌,过冷液体就开始结晶,温度上升,立即改为缓慢搅拌,用读数放大镜,观察其最高温度即为正确的凝固点 T_f^*,如此重复测定,直至得到三个重复数据,它们与平均值的偏差不应超过±0.002。

(四)溶液凝固点的测定

取出凝固点管,使管中的苯熔化,自凝固点管的支管加入事先压成片状并已精确称量的萘约 0.2g,至完全溶解后,同上法测定溶液的凝固点 T_f,除测近似凝固点外,精确测定不应少于三次。

六、实验注意事项

1. 在使用和调节贝克曼温度计时,一定要注意安全,不要破损。

2. 实验前必须检查凝固点管,贝克曼温度计和玻璃搅棒是否清洁干净,否则会影响结果。

七、实验记录和数据处理

室温_____K   大气压_____Pa

物质	质量	凝固点/℃	凝固点降低 $\Delta T_f = T_f^* - T_f$	溶质摩尔质量 M_B
溶剂(苯)				
溶质(萘)				

八、思考题

1. 如何调节贝克曼温度计，使用时注意什么事项？

2. 什么叫凝固点？凝固点的下降公式在什么条件下适用？

3. 为了提高实验准确度，是否可用增加溶质浓度的办法来增加 ΔT_f 值？为什么？

4. 为什么会产生过冷现象？

九、参考资料

1 罗澄源等编. 物理化学实验. 北京：人民教育出版社，1979. 62

2 复旦大学等编. 物理化学实验. 第二版. 北京：高等教育出版社，1993. 31

实验八　挥发性双液系沸点-组成相图的绘制

一、实验目的

1. 用回流冷凝法测定沸点时气相与液相的组成，绘制双液系（环己烷-异丙醇）的 T-x，并找出恒沸混合物的组成及恒沸温度。

2. 通过实验，学会阿贝折射仪的使用。

二、预习要求

1. 了解绘制双液系相图的基本原理。

2. 了解本实验中有哪些注意事项，如何判断气-液两相已达平衡？

3. 了解阿贝折射仪的使用。

三、实验原理

单组分液体在一定外压下的沸点为一定值，把两种完全互溶的挥发性液体（组分 A 和 B）混合后，在一定温度下，平衡共存的气、液两相组成通常并不相同。因此在恒压下将溶液蒸馏，测定馏出物（气相）和蒸馏液（液相）的组成，就能找出平衡时气、液两相的成分并绘出 T-x 图。

如果液体与 Raoult 定律的偏差不大，在 T-x 图上溶液的沸点介于 A、B 两种纯物的沸点之间。如图 8-1 所示。实际溶液由于 A、B 两组分的相互影响，常与 Raoult 定律有较大的偏差，在 T-x 图上可能有最高或最低点出现，如图 8-2 所示。这些点称为恒沸点，其相应的溶液为恒沸混合物。恒沸混合物蒸馏所得的气相与液相组成相同，靠蒸馏无法改变其组成，如盐酸与水的体系具有最高恒沸点，环己烷与异丙醇的体系则具有最低恒沸点。

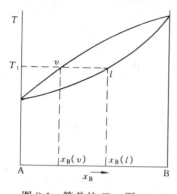 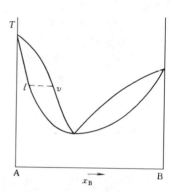

图 8-1　简单的 T-x 图　　　　图 8-2　具有最低恒沸点的 T-x 图

本实验采用简单蒸馏器，用电热丝直接放入溶液中加热。气相分析是取冷凝器下端小玻璃槽中的冷凝液，液相分析是取蒸馏瓶内的液体，分析仪器用阿贝折射仪。

四、仪器和药品

（一）仪器

阿贝折射仪	1 台	蒸馏器	1 个
超级恒温器	1 台	取液管（长、短）	各 1 支
移液管（25mL，大肚）	4 支	直流稳压电源（0~5A，	
水银温度计（50~100℃）	1 支	0~15V）	1 台

（二）药品

环己烷（分析纯）　　异丙醇（分析纯）（可选苯和乙醇）

五、实验步骤

（一）折射率-组成 $[n_D^t - w（\%）]$ 工作曲线的绘制（这一步学生可不做）

已知 293.2K 时环己烷与异丙醇混合溶液的浓度与折射率 n_D^{20} 的数据（见表 8-1）。

表8-1　实验数据

异丙醇的摩尔分数/%	n_D^{20}	异丙醇的质量分数/%	异丙醇的摩尔分数/%	n_D^{20}	异丙醇的质量分数/%
0	1.4263	0	40.40	1.4077	32.61
10.66	1.4210	7.85	46.04	1.4050	37.85
17.04	1.4181	12.79	50.00	1.4029	41.65
20.00	1.4168	15.54	60.00	1.3983	51.72
28.34	1.4130	22.02	80.00	1.3882	74.05
32.03	1.4113	25.17	100.00	1.3773	100.00
37.14	1.4090	29.67			

以表8-1给出的数据，用坐标纸绘出 n_D^{20} 与质量分数的关系曲线待用。（如在实验测定折射率时的温度不是20℃，则可近似地按温度每升高1℃，折射率值降低 4×10^{-4} 变化率，校正上表中的 n_D^{20} 值后再做工作曲线）。

（二）配制待测溶液（此步骤学生可不做）

配制含异丙醇约（质量分数/%）0.5、1.0、5.0、15.0、40.0、60.0、80.0、90.0的环己烷溶液共八份，盛于有塞锥形瓶中待用。

（三）温度计的校正

将蒸馏器（见图8-3）洗净、烘干后用移液管从加料口加入异丙醇约25mL，使温度计水银球的位置一半浸入溶液中，一半露在蒸气中，通电缓慢加热（注意调压稳压器输出电流一般不超过4A），待温度恒定后，记录所得温度和室内大气压。停止通电，倾出异丙醇倒回原瓶中。

（四）气液两相折射率的测定

取步骤（二）配制的第1号溶液25mL同法加热使溶液沸腾。最初在冷凝

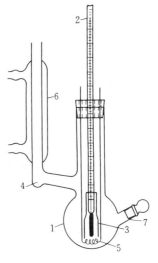

图8-3　蒸馏器装置
1—盛液容器；2—测量温度计；
3—玻璃管；4—袋状部；
5—电热丝；6—冷凝管；
7—加液口

管下端袋状部冷凝的液体常不能代表平衡时气相的组成（为什么?）为加速达到平衡，可将袋状部内最初冷凝的液体倾回蒸馏器中，并反复 2～3 次，温度计读数恒定后记下沸点，随即将取液管从冷凝管上口插入到袋状部，先用袋状部内的冷凝液将取液管淌洗数次（在袋状部内洗，不取出），待袋内部重新积满液体后，待温度恒定后，记下温度，停止加热，用取液管吸取冷凝液，测其折射率（平行测定 3 次，取平均值）。用水将蒸馏器的蒸馏瓶冷却。用另一支取液管从加料口插入，吸取液相溶液测其折射率（测定前仍需淌洗取液管，并平行测定 3 次）。测定时动作迅速，以防止由于蒸发而改变成分，实验完毕，将蒸馏器中溶液倒回原瓶。

同法对第 2～8 号溶液进行实验，各次实验后的溶液均倒回原瓶中防止水混入，实验过程中应注意室内气压的读数。

六、实验注意事项

1. 电阻丝不能露出液面，一定要被欲测液体浸没，否则通电加热时会引起有机液体燃烧。通过电流不能太大，只要能使欲测液体沸腾即可。

2. 一定要使体系达到气液平衡，即温度读数要稳定，取样分析前，先用待测液洗涤滴管（在待测液内缓慢捏压，放松橡皮头）。

3. 测折射率时要快，以避免不同组分挥发速度不一而影响待测液组成。阿贝折射仪使用时，棱镜上不能触及硬物，擦拭棱镜需用擦镜纸。

4. 实验过程中必须在冷凝管中通入冷却水，以使气相全部冷凝。

5. 每个样测毕，必须擦干蒸馏瓶外部的水珠，以免污染样品。

七、实验记录和数据处理

1. 温度计读数的校正（学生可不做）。

溶液的沸点与大气压有关，应用 Trouton 规则及 Clausius-Clapeyron 方程可得溶液沸点随大气压变动而变动的近似公式：

$$T_{ob} = T_0 + \frac{T_0}{10} \times \frac{101325 - p}{101325}$$

式中　T_{ob}——在标准大气压（$p = 101.325$kPa）下的沸点即正常沸

点异丙醇的 $T_{ob} = 355.55K$；

T_0——在实验室大气压 p 下的沸点。

计算纯异丙醇在实验室大气压下的沸点，与实验时温度计上读得的沸点相比较，求出温度计本身误差的改正值，并逐一改正各个不同浓度溶液的沸点。

2．用实验步骤（一）所绘制的工作曲线（或用实验室内提供的关系曲线图），确定每个溶液在其沸点时气、液相的组成，填于表 8-2 中。

表8-2　实验数据记录及处理

室温_____K　　　　　　大气压_____Pa

序　　号	沸　点/K	液　　相		气　　相	
		n_D^t	$w_{异丙醇}/\%$	n_D^t	$w_{异丙醇}/\%$
⋮					

3．用表 8-2 所得数据作出环己烷-异丙醇体系的沸点-组成图（T-x 图），从图中求出其恒沸温度和恒沸组成。

八、思考题

1．做环己烷-异丙醇标准工作曲线的目的是什么？

2．每次加入蒸馏器中的溶液是否需要精确称量？

3．如何判断气-液已达平衡状态？

4．收集气相冷凝液的玻璃槽的大小对实验结果有无影响？

5．实验测得的沸点与在标准大气压的沸点是否一致？

九、参考资料

1　复旦大学等编．物理化学实验．第二版．北京：高等教育出版社，1993．49

2　顾良证．武传昌等编．物理化学实验．江苏科学技术出版社，1986

3　傅献彩等编．物理化学．上册．北京：高等教育出版社，1990．144

实验九　三液系（苯-水-乙醇）相图的绘制

一、实验目的

1．掌握用三角坐标系表示三组分系统等温等压相图的方法。

2．用溶解度法绘制具有一对共轭溶液的苯-水-乙醇三组分系统相图。

二、预习要求

1．了解用溶解度法绘制相图的基本原理。

2．了解等边三角形坐标系的表示法。

三、实验原理

（一）三组分系统等温等压图

该图常用等边三角形坐标来描绘，三角形的三个顶点分别代表纯 A、B、C 三个组分；三角形的每条边代表其两端点的二组分体系；三角形内的任一点 M 代表 A、B、C 三组分的混合物（见图9-1），混合物中 A、B、C 的百分含量可确定如下。

经 M 点作平行三角形三边的直线，并交三边 a、b、c 三点，若每条边一百等分，则代表100%，于是 M 的 A、B、C 组成分别为：A% = Ma = Cb；B% = Mb = Ac；C% = Mc = Ba。

（二）三组分系统等温等压相图的实验测绘

本实验仅介绍具有一对共轭溶液的三组分系统等温等压相图的测绘方法。

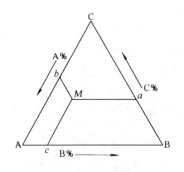

图9-1　等边三角形法
表示三组分相图

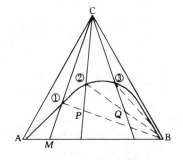

图9-2　具有一对共轭溶液的
三组分系统相图

如图9-2所示，设有 A、B、C 三组分，其中 A 与 C、B 与 C 是完全互溶的，A 与 B 则是部分互溶的，其相图为一条开口朝向 AB 边的帽形曲线，只要测出相图中溶解度曲线上某些均匀分布的点（①、

②、③…）的成分，即可在三角坐标纸上绘出该相图。这些点的成分测定可按如下进行。

1. 以已知比例的 A 和 B 相混合，使其部分互溶形成两个相。这时，混合物的组成点可根据 A、B 的比例在三角坐标上确定，设恰在 M 处。

2. 往 M 中滴加组分 C 时，体系的组成点将由 M 点沿 MC 线向 C 点移动，当滴加最后一滴 C 使体系组成点正好达溶解度曲线上的点①时，体系两相消失，故又由混浊变为澄清。

3. 在上述操作中所获得的①体系中再加入定量的 B，体系组成又从点①沿 PB 线移到了点 P。此刻，均匀的一相体系中又出现了两相。

4. 在组成为 P 的溶液中，再如上法一样滴加 C 直到混浊消失。这时，体系又达到了溶解度曲线上的另一点②，②点 A、B、C 的质量百分含量仍可由加入 A、B、C 三组分的总量来算得。

5. 在上面得到的点②中，重复步骤 3、4，又可得到其他一些点。这些点的 A、B、C 的百分含量都可由加入 A、B、C 的量求得。将这些点在坐标纸上描出，联接起来，便得一等温等压图。

显然，本实验的苯与上述的 A 组分相对应，水则与上述 B 组分对应，乙醇相当于 C 组分。严格地说，整个实验操作应当在恒温槽中进行。

四、仪器和药品

（一）仪器

锥形瓶(100mL)	4 个	移液管(5mL,刻度)	1 支
滴定管(25mL,碱式)	1 支	滴定管(25mL,酸式)	1 支

（二）药品

苯（工业纯）　　无水乙醇（工业纯）　　蒸馏水

五、实验步骤

1. 用移液管吸取 5mL 苯，放入 100mL 锥形瓶中（1#瓶），再由滴定管滴入 1mL 水。

2. 从另一支滴定管中慢慢滴加乙醇，同时不断地摇荡锥形瓶，当滴入一滴乙醇使溶液恰成均匀一相时，记下乙醇的体积，注意仔细观察终点即将到达和到达时溶液状态的变化，以便正确控制滴加乙醇的量。

3．在上述溶液中续加 2mL 水，体系又变成两相，用同样的方法滴加乙醇至恰成一相为止，记录数据后，依次滴加 3mL、4mL、5mL、6mL 水，重复上述滴定，并记下每次滴加乙醇的体积。

4．另取 1mL 苯放入另一锥形瓶中（2#瓶），滴加 10mL 水，用乙醇滴定至均相（注意：此终点判断可由液面上"油珠"消失为准），记下乙醇用量，然后再滴加 10mL 水，重复上述滴定，并记录下第二次滴定乙醇的体积。

5．取 1mL 水加入第三个锥形瓶中（3#瓶），滴加 10mL 苯，用乙醇滴定至体系为均相，记下乙醇用量，然后再滴加 10mL 苯，重复滴定至体系为均相，记下第三次滴定乙醇的体积。

实验结束后，将锥形瓶中的溶液倒入指定的容器中。

六、实验注意事项

1．所用锥形瓶均需预先洗净烘干。

2．在滴加乙醇的过程中要缓慢加入，并且要不断地摇荡锥形瓶，以使终点滴定误差控制在半滴或一滴左右。

3．本实验每次滴定时应力求短一些。

七、实验记录和数据处理

1．实验记录列于下表：

室温_____K　　　　大气压_____Pa

实验序号	苯的体积 V_b/mL	水的体积 V_w/mL		乙醇的体积 V_a/mL		苯的质量分数 w_b/%	水的质量分数 w_w/%	乙醇的质量分数 w_a/%
		每次量	累计量	每次量	累计量			
1#								
2#								
3#								

2．计算公式及数据处理：

各组分质量按 $w_b = \rho_b \cdot V_b$ 计算。

各组分质量分数按 $w_b(\%) = \dfrac{w_b}{\sum w_b} \times 100\%$ 计算。

各组分密度与温度的关系如下。

苯：$\rho_b(\mathrm{kg \cdot dm^{-3}}) = 0.90005 - 1.0638 \times 10^{-3}(T - 273.15)$
$$- 0.0376 \times 10^{-6}(T - 273.15)^2 - 2.213 \times 10^{-9}$$
$$(T - 273.15)^3$$

水：$\rho_w(\mathrm{kg \cdot dm^{-3}}) = 1.01699 - \dfrac{14.290}{940 - 9 \times (T - 273.15)}$

乙醇：$\rho_a(\mathrm{kg \cdot dm^{-3}}) = 0.78506 - 0.859 \times 10^{-3}(T - 298.15)$
$$- 0.56 \times 10^{-6}(T - 298.15)^2 - 5 \times 10^{-9}$$
$$(T - 298.15)$$

式中　T——室温，K。

将计算结果填于上表中。

3．把上表中各实验点描绘在三角坐标纸上，并将它们连成一条光滑的曲线。

4．假定水与苯完全不互溶，将曲线用虚线延长到纯水及纯苯的顶点。

八、思考题

1．如连结线不通过物系点，其原因可能是什么？

2．若苯与水微有互溶性，则曲线的两端是否可能到达三角形的两顶点？

3．在实验步骤 4 和 5 的滴定中，溶液由浑浊到澄清的终点不明显，这是为什么？

4．讨论实验所得相图各部分的相数与自由度。

九、参考资料

1　北京大学化学系物理化学教研室．物理化学实验．北京：北京大学出版社，1985．81

2　复旦大学等编．物理化学实验．上册．北京：人民教育出版社，1980．45

3　Daniels F. Eaperimental Physical Chemistry. New York Mc Graw-Hill

Book Company, 1962. 121

实验十　原电池电动势的测定

一、实验目的

1. 测定 Cu-Zn 电池的电动势和铜电极，锌电极的电极电势。
2. 用电动势法测定溶液的 pH 值。
3. 掌握对消法测定电池电动势的原理以及电位差计的使用。

二、预习要求

1. 了解铜电极、锌电极的制备方法，饱和甘汞电极、标准电池和检流计等在使用时的注意事项，以及电位差计的简单原理。
2. 了解对消法原理，测定电池电动势的线路和操作步骤。

三、实验原理

原电池是由两个"半电池"所组成，每一个半电池是由一个电极和相应的溶液组成。而电池反应是电池中两个电极反应的总和，其电动势为组成该电池的两个半电池的电极电势的代数和。半电池的电极电势随电极物质和溶液中参与电极反应的离子浓度不同而不同（确切地说应是离子活度）。其关系可根据 Nernst 方程式，得出电极电势关系式

$$E(\text{电极}) = E^{\ominus}(\text{电极}) - \frac{RT}{ZF}\ln\frac{a(\text{还原态})}{a(\text{氧化态})} \tag{10-1}$$

式中　a（还原态）——表示电极反应式中，还原态各物质活度（或气体的 $\frac{p}{p^{\ominus}}$）的连乘积，其方次为各物质在电极反应式中的系数；

a（氧化态）——表示氧化态各物质活度（或气体的 $\frac{p}{p^{\ominus}}$）的连乘积，其方次为各物质在电极反应式中的系数。

在电化学中，电极电势是以一电极为标准而求出其他电极的相对值。国际上采用的标准电极是标准氢电极，但由于氢电极使用麻烦，因此通常采用第二类电极（如甘汞电极，银-氯化银电极等）作参比

电极。

原电池的电动势是组成电池的两个电极的电极电势的代数和。其计算式为

$$E = E_+ - E_- \quad (10\text{-}2)$$

电池的电动势不能直接用伏特计来测量。要准确测定电池的电动势，只有在无电流通过的情况下进行。对消法就是根据这个要求而设计的，其简单原理如图 10-1 所示。

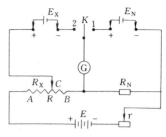

图 10-1　对消法原理示意图

工作电池 E 与均匀电阻丝 AB、可变电阻 r 和标准电池温度补偿电阻 R_N 构成一个通路，选择开关 K 转向"1"位置，与 E_N 相通，调节 r 使检流计 G 指针为零，此时在 R_N 上产生的电位降 V_{RN} 与 E_N 相对消，即校正好工作电流，将 K 转向"2"位置与 E_X 相通，滑动 C 使 G 指示为零，那么电阻丝 AB 上产生的电位降 V_{BC} 与 E_X 相对消，V_{BC} 就是 E_X 的电动势。由于在使用过程中，工作电池的电压因不断放电而在改变，所以要求每次测定前，均需要用标准电池进行校正。

四、仪器和药品

（一）仪器

UJ-25 型直流电位差计	1 台	铜电极(自制)	1 支
Ac15/2 型直流光点式检流计	1 台	锌电极(自制)	1 支
BC9 型饱和标准电池	1 只	甲电池	2 节
铂电极(213 型)	1 支	连接导线	5 根
饱和甘汞电极(212 型)	1 支	电极架	1 个
盐桥	4 根	小烧杯(50mL)	4 个
镀铜装置	1 套		

（二）药品

硫酸铜（0.100mol·kg^{-1}）　　硫酸锌（0.100mol·kg^{-1}）

饱和氯化钾溶　　未知 pH 溶液　　醌氢醌（固体）　　HNO_3（32%）

饱和硝酸亚汞溶液

五、实验步骤

本实验则定以下 4 个电池的电动势。

(1) $Zn|ZnSO_4(b=0.100mol \cdot kg^{-1}) \parallel CuSO_4(b=0.100mol \cdot kg^{-1})|Cu$

(2) $Zn|ZnSO_4(b=0.100mol \cdot kg^{-1}) \parallel KCl(饱和)|Hg_2Cl_2(s)|Hg$

(3) $Hg|Hg_2Cl_2(s)|KCl(饱和) \parallel CuSO_4(b=0.100mol \cdot kg^{-1})|Cu$

(4) $Hg|Hg_2Cl_2(s)|KCl(饱和) \parallel$ 未知 pH 值溶液$|Q \cdot H_2Q(s)|Pt$

（一）电极的制备

1．铂电极和饱和甘汞电极采用商品电极。在使用前用蒸馏水淋洗干净。若铂电极的铂片上有油污，应在丙酮中浸泡，然后再用蒸馏水淋洗。饱和甘汞电极使用前应注意检查其电极内的溶液是否饱和。

2．铜电极在使用前需进行处理。首先在稀硝酸内浸洗，取出后用蒸馏水冲洗，而后用铜电极作阴极，铜棒作阳极，在镀铜溶液中进行电镀，其装置见图 10-2 所示，电流密度控制在 $20mA \cdot cm^2$ 左右，电镀约 15min，使其表面上有一紧密的镀层。取出后用蒸馏水淋洗，少许所测溶液淋洗即可使用。

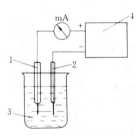

图 10-2　制备铜电极的电镀装置

1—铜棒；2—铜电极；
3—镀铜溶液；4—直流电源

3．锌电极先用稀硫酸浸洗少许时间，洗除其表面的氧化层，取出后用蒸馏水冲洗，然后浸入饱和硝酸亚汞溶液 3～5s，取出用滤纸擦拭，使电极表面有一层均匀的汞齐，再用蒸馏水淋洗（注：汞有剧毒，其擦拭滤纸应投入指定的容器中）。少许所测溶液淋洗即可使用。

4．酯氢醌电极的制备，先取少许醌氢醌固体投入未知 pH 溶液中，搅拌使其成饱和溶液，然后插入铂电极即可。

（二）盐桥制备

制备方法　以琼胶∶氯化钾∶水 = 1∶4.5∶20 的比例加入烧瓶中，

用热水浴加热至溶解，趁热灌入干净的 U 形管中，冷却后即可使用。

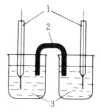

图 10-3　测定电池的组装
1—电极；2—盐桥；
3—溶液

（三）电动势的测定

1．按图 10-3 组成待测电池。

2．将标准电池、工作电池、待测电池以及检流计分别按附图 5-2 连接在 UJ-25 型电位差计上（注意正负极不可接错），经教师检查后，方可进行下一步实验。

3．校正电位差计。读取标准电池上温度计的温度值，计算标准电池在该温度时的电动势，将标准电池的温度补偿旋钮调节在该电动势处，然后将转换开关扳向"N"处，转动工作电流调节旋钮粗、中、细、微（相当于原理图中 r），依次按下电计按钮"粗"、"细"直到检流计指零为止。此时电位计已校正好了，由于工作电池的电动势会发生变化，因此在测量过程中需经常校正电位差计。

4．测量待测电池的电动势，将转换开关扳向"X_1"（或 X_2）位置，从大到小旋转电势测量旋钮，按下电计按钮"粗"、"细"，直调到检流计指零为止，6 个小窗口内的读数即为待测电池的电动势，同时记下室温。

实验完毕后，必须把所用电极用蒸馏水冲洗干净，放置指定位置，把盐桥放入指定容器内，其他仪器复原、洗净，检流计必须短路放置。

六、实验注意事项

1．在连接线路时，切勿将标准电池、工作电池、待测电池的正、负极接错。

2．检流计不用时一定要短路，在进行测量时，一定要顺次先按电位差计上的"粗"按钮，待检流计光点调到零附近后，再按"细"按钮，以免检流计偏转过猛而损坏，另外，按下按钮的时间要短，不超过一秒，以防止过多的电量通过标准电池或被测电池，选成严重的极化现象，破坏了被测电池的电化学可逆状态。

3．BC9 型饱和标准电池在 20℃ 时，$E_{20}=1.018643\text{V}$；在 t℃ 时为：

$$E_t = E_{20}\{1-4.06\times10^{-5}(t-20)-9.5\times10^{-7}(t-20)^2 +$$
$$1\times10^{-8}(t-20)^3\} \tag{10-3}$$

在校正电位差计时，应先根据上述公式计算出实验温度时标准电池的电动势 E_t，使用标准电池时应注意以下几点。

（1）使用温度在 4～40℃ 之间。

（2）切勿将电池倒置、倾斜或摇动。

（3）正、负极不可接错。

（4）该电池只能用校正电位差计，不能作为电源，不允许有 10^{-4}A 以上电流通过，绝不可用伏特计或万用表测量其端电压。

（5）每隔 1 年左右需重新校正电动势。

4．在使用饱和甘汞电极时，电极内应充满饱和氯化钾溶液，电极封帽应取下。

5．铜电极、锌电极制备好后，应立即浸泡在所测溶液中，以防其在空气中污染。

七、实验记录和数据处理

实验记录及数据处理填入表 10-1 和表 10-2 中。

表 10-1　实验数据记录及处理(一)

室温＿＿＿＿＿＿K　　　　　大气压＿＿＿＿＿＿Pa

测定次数	第一次	第二次	第三次	平　均　值
电池 E_1/V				
⋮				

1．已知饱和甘汞电极的电极电势 $E\{Hg_2Cl_2(s)/Hg\}$ 与温度 t℃ 的关系。

$$E\{Hg_2Cl_2(s)/Hg\}=0.2410-7.6\times10^{-4}(t-25)(V)$$

计算在实验温度下，饱和甘汞电极的电极电势。

2. 已知 25℃ 时，$E^{\ominus}(Cu^{2+}/Cu) = 0.3400V$，$E^{\ominus}(Zn^{2+}/Zn) = 0.7630V$。按式（10-1）计算铜电极、锌电极在实验温度下的电极电势 $E(Cu^{2+}/Cu)$、$E(Zn^{2+}/Zn)$。计算时，物质的浓度用活度表示，$a_{\pm} = \gamma_{\pm}(b_{\pm}/b^{\ominus})$，其离子的平均活度数 $\gamma_{\pm}$ 见下表。

离子平均活度系数 $\gamma_{\pm}$（25℃）

$b/(\mathrm{mol \cdot kg^{-1}})$	0.10	0.01
$CuSO_4$	0.16	0.41
$ZnSO_4$	0.148	0.387

将计算的理论值与实验值进行比较。

3. 根据式（10-2）计算电池（1）的理论电动势 E_1，与实验值进行比较。

4. 已知醌氢醌电极的标准电极电势 $E^{\ominus}(Q/H_2Q)$ 与温度 $t℃$ 的关系为：

$$E^{\ominus}(Q/H_2Q) = 0.6993 - 7.4 \times 10^{-4}(t - 25)(V)$$

由式（10-1）可计算出实验温度下，醌氢醌电极的电极电势：

$$E(Q/H_2Q) = E^{\ominus}(Q/H_2Q) - \frac{RT}{2F}\ln\frac{a_{H_2Q}}{a_Q \cdot a_{H^+}^2}$$

$$= E^{\ominus}(Q/H_2Q) - \frac{2.303RT}{F}pH$$

再根据实测电池（4）的电动势 E_4，即可计算出未知 pH 溶液的 pH 值。

八、思考题

1. 对消法测定电池电动势的装置中，电位差计、工作电池、标准电池以及检流计各起什么作用？

2. 在测量电动势的过程中，若检流计光点总是往一个方向偏转，可能是什么原因？

3. 可逆电池的条件是什么？测定过程中如何尽可能地减小极化现象的发生？

表 10-2　实验数据记录及处理(二)

$E^{\ominus}(Cu^{2+}/Cu)=$ _____ V		$E^{\ominus}(Zn^{2+}/Zn)=$ _____ V	
$E\{Hg_2Cl_2(s)/Hg\}=$ _____ V		$E^{\ominus}(Q/H_2Q)=$ _____ V	
项　目	测定值/V	计算值/V	误差/%
电池 E_1			
Cu 电极电势			
Zn 电极电势			
溶液 pH 值			

九、参考资料

1　复旦大学等编. 物理化学实验. 第二版. 北京：高等教育出版社，1993. 86

2　顾良证、武传昌编. 物理化学实验. 江苏科学出版社，1986. 99

3　Hugh W. Salberg et al，Physical Chemistry Laborator. 1978. 186

4　杨文治. 电化学基础. 北京：北京大学出版社，1982. 89

实验十一　弱电解质电离常数的测定

一、实验目的

1. 掌握电导法测量弱电解质溶液电离度及电离常数的基本原理。

2. 熟悉 DDS-11A 型电导率仪的使用。

二、预习要求

1. 理解本实验的原理及操作步骤。

2. 了解图解法求醋酸电离常数的方法。

三、实验原理

对弱电解质电离常数的测定方法有多种，本实验是通过对不同浓度 HAc 溶液的电导率的测定来确定电离平衡常数的。

1. AB 型弱电解质（如 HAc）在溶液里电离达平衡时，电离常数 K 与浓度 c，电离度 α 之间的关系为：

$$HAc \Longrightarrow H^+ + Ac^-$$

平衡时　　　　$c(1-\alpha)$　　$c\alpha$　　$c\alpha$

$$K=\frac{(c\alpha)^2}{c(1-\alpha)}=\frac{c\alpha^2}{1-\alpha} \tag{11-1}$$

当 T 一定时, K 一般为常数, 因此, 再确定了 c 后, 可通过电解质 α 的测定求得 K 。电离度 α 等于浓度为 c 时的摩尔电导率 Λ_m 与溶液无限稀释时的摩尔电导率之比, 即

$$\alpha = \frac{\Lambda_m}{\Lambda_m^\infty} \tag{11-2}$$

将式 (11-2) 代入式 (11-1) 得

$$K = \frac{\Lambda_m^2}{\Lambda_m^\infty \ (\Lambda_m^\infty - \Lambda_m)} \cdot c \tag{11-3}$$

整理得

$$c\Lambda_m = K \ \frac{(\Lambda_m^\infty)^2}{\Lambda_m} - K\Lambda_m^\infty \tag{11-4}$$

以 $c\Lambda_m$ 对 $\dfrac{1}{\Lambda_m}$ 作图得一直线, 该直线的斜率为 $K \cdot (\Lambda_m^\infty)^2$, 截距为 $-K\Lambda_m^\infty$, 由此可求得 K 和 Λ_m^∞ (Λ_m^∞ 也可由文献查得)。

2. 按定义得 $\qquad \kappa = G \cdot \dfrac{l}{A} = GK_{cell}$[❶] $\tag{11-5}$

式中 $\quad K_{cell}$——电导池常数, m^{-1};

$\qquad G$——电导, S。

由于 l 和 A 不易测准, 因此, 实验中是用一已知电导率的电解质溶液 (常用 KCl 溶液) 测其电导, 先求出电导池常数, 再利用式 (11-5) 求出待测电解质溶液电导率。

根据公式

$$\Lambda_m = \frac{\kappa}{c} \tag{11-6}$$

式中 $\quad \Lambda_m$——摩尔电导率, $S \cdot m^2 \cdot mol^{-1}$。

求出 Λ_m。

而对弱电解质 HAc 来说, 由于其电导率很小, 故测得 HAc 溶液的电导率也包括水的电导率, 所以

$$\kappa_{HAc} = \kappa_{溶液} - \kappa_{H_2O} \tag{11-7}$$

---

❶ K_{cell} 的测定是通过惠斯登电桥法测得的。

将式（11-7）的 κ_{HAc} 值代入式（11-6），才真正算出了浓度为 c 的 HAc 的 Λ_m，以此 Λ_m 值代入式（11-4）再进行数据处理，才能求得 HAc 的电离常数 K。

四、仪器和药品

（一）仪器

滴定管(25mL，碱式)	1 支	锥形瓶(250mL)	3 个
DDS-11A 型电导率仪	1 台	铂黑电导电极	1 支
移液管(25mL)	4 支	烧杯(100mL)	2 个
搅棒	1 支		

（二）药品

NaOH 标准溶液（0.1mol·dm^{-3}）　　　　HAc（0.04mol·dm^{-3}）

酚酞指示剂

五、实验步骤

（一）乙酸溶液浓度的标定

用 25mL 移液管移取 HAc 溶液于锥形瓶中，加入 2～3 滴酚酞指示剂，用标准 NaOH 溶液滴定至刚出现微红色摇动后，约半分钟不再褪去为止，记下用去标准 NaOH 溶液的体积，重复测定三次，计算 HAc 的浓度（实验室也可提供标定好的 HAc 溶液）。

（二）电极的处理

接好 DDS-11A 型电导率仪测量线路。先将铂黑电极浸泡于蒸馏水数分钟，取出后用蒸馏水淋洗，用滤纸吸干电极上的水（勿碰！）。

（三）测定 HAc 溶液的电导率

用移液管向干燥洁净的 100mL 烧杯中加入 25mL 已标定的 HAc 溶液，插入铂黑电极测其电导率值。

用另一干净移液管向上述烧杯中加入 25mL 蒸馏水搅拌均匀（小心！），测其电导率。

再用第一支移液管从上述烧杯中吸出 25mL HAc 溶液，（注意管壁不沾带出溶液）弃去，并补充 25mL 蒸馏水，搅拌，测其电导率。

如此再稀释三次，共测出六种不同浓度 HAc 溶液的电导率。测毕，以蒸馏水洗净铂黑电极，浸入蒸馏水中。

（四）测定蒸馏水的电导率

取 100mL 烧杯，用蒸馏水冲洗数次盛蒸馏水，测其电导率。

六、实验注意事项

1. 每次稀释溶液搅拌时千万不要碰铂黑电极。

2. 移液管不要用错。

3. 水的电导率测定时，动作要快。

七、实验记录和数据处理

将实验数据及数据处理分别记录在表 11-1 和表 11-2 中。

表 11-1　实验数据记录

NaOH 标准溶液浓度＿＿＿＿＿ $mol \cdot dm^{-3}$　　　室温＿＿＿＿＿ ℃

HAc 的极限摩尔电导率＿＿＿＿＿ $S \cdot m^2 \cdot mol^{-1}$　　　大气压＿＿＿＿＿ Pa

测　定　序　号		I	II	III
NaOH/mL				
测得 HAc 的浓度	测定值			
	平均值			

表 11-2　实验数据处理

序　号	1	2	3	4	5	6
$10^2 c(HAc)/(mol \cdot dm^{-3})$						
$10^2 \kappa(HAc)/(S \cdot m^{-1})$						
$10^2[\kappa(HAc) - \kappa(H_2O)]/(S \cdot m^{-1})$						
$10^2 \kappa/(S \cdot m^{-1})$						
$10^4 \Lambda_m(HAc)/(S \cdot m^2 mol^{-1})$						
$10^4 \{1/\Lambda_m(HAc)\}/(S^{-1} \cdot m^{-2}mol)$						
$10^4 c\Lambda_m(HAc)/(S \cdot m^{-1})$						

以 $c\Lambda_m(HAc)$ 对 $1/\Lambda_m(HAc)$ 作图，并根据直线斜率求出 K。

八、思考题

1. 测定 HAc 溶液电导率时，为什么要由浓到稀。

2. 在计算 HAc 的电导率时，为什么要考虑水的电导率？测水的电导率时为什么动作要快捷，否则有何影响？

3. 使用铂黑电极时应该注意些什么？实验时如何保护。

4. 为什么要测电导池常数，如何测定？

九、参考资料

1 胡英主编. 物理化学. 下册. 北京：高等教育出版社，1999. 210
2 吴泳主编. 大学化学新体系实验. 北京：科学出版社，1999. 72

实验十二　氟离子选择电极的测试和应用

一、实验目的

1. 了解氟离子选择电极的基本结构及组成。
2. 掌握用氟离子选择电极测定氟离子浓度的基本原理。
3. 学会氟离子选择电极和离子计的使用方法（参看附录九）。

二、预习要求

1. 清楚用氟离子选择电极测定氟离子浓度的基本原理。
2. 了解氟离子选择电极和离子计的使用方法。

三、实验原理

氟离子选择电极是一种测定水溶液中氟离子浓度的化学传感器。目前已广泛应用于水质、环境、生物、医学、材料、大气及食品等行业。

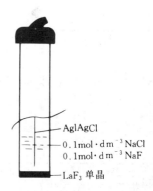

图 12-1　氟离子选择电极

氟离子选择电极由切成 $1\sim2mm$ 厚的 LaF_3 单晶片作为电化学活性物质，Ag-AgCl 电极为内参比电极，内充 $0.1mol\cdot dm^{-3}NaF$ 和 $0.1mol\cdot dm^{-3}NaCl$ 作为内参比溶液，结构如图 12-1 所示。氟电极能斯特响应范围为 $1\sim10^{-6}mol\cdot dm^{-3}$，检测下限可达 $10^{-7}mol\cdot dm^{-3}$。

当氟电极与被测 F^- 的溶液接触时，F^- 可吸附在膜表面上并与膜上 F^- 进行交换，通过扩散进入膜相。而膜相中的 F^- 也可扩散进入溶液相，这样在晶体膜与溶液界面上建立了双电层，产生相界电势，即膜电势。在一定条件下，其电极电势 E 与被测溶液中氟离子活度 a_{F^-} 之间有以下关系：

$$E_{(F^-)} = E^{\ominus}_{(F^-)} - \frac{2.303RT}{F}\lg a_{F^-}$$

以氟电极为指示电极，饱和甘汞电极为参比电极，两者在被测溶液中组成可逆电池：

Hg|Hg$_2$Cl$_2$|KCl(饱和)|溶液|LaF$_3$单晶膜|NaF,NaCl|AgCl|Ag

|←————甘汞电极————→||←————氟电极————→|

上述可逆电池的电动势为：

$$E = E^{\ominus}_{(F^-)} - \frac{2.303RT}{F}\lg a_{F^-} - E_{SCE}$$

令 $$E^{\ominus} = E^{\ominus}_{(F^-)} - E_{SCE}$$

则 $$E = E^{\ominus} - \frac{2.303RT}{F}\lg a_{F^-}$$

甘汞电极电势在测定中保持不变，氟电极电势在测定中随溶液氟离子活度而改变。加入 TISAB 后，则

$$E = E^{\ominus'} - \frac{2.303RT}{F}\lg C_{F^-}$$

$E^{\ominus'}$ 除与活度系数有关，还与传感膜片制备工艺、温度等有关，只有活度系数恒定，并在一定温度下才可视为常数。由上式可见，在一定条件下，电池电动势与试液中氟离子浓度的对数呈线性关系。只要测定不同浓度的 E 值，并将 E 对 $\lg C_{F^-}$（或 pC_{F^-}）作图，就可了解氟电极的性能，并可确定其测量范围。氟电极可测定溶液中 $1 \sim 10^{-6} mol \cdot dm^{-3}$。

测定氟含量时，温度、pH 值、离子强度、共存离子均影响测定的准确度。因此为了保证测定准确度，需向标准溶液和待测试样中加入 TISAB。其中，柠檬酸-柠檬酸钠缓冲溶液以缓冲 pH 值于 6.5；柠檬酸盐还可消除 Al^{3+}、Fe^{3+}、Th^{4+} 等对 F^- 的干扰，NaCl 保持离子强度不变。本实验采用标准曲线法。

四、仪器与试剂

（一）仪器

PXJ-1B 数字式离子计	1 台	磁力搅拌器	1 台
氟离子选择电极	1 支	饱和甘汞电极	1 支
容量瓶(1000mL)	1 只	移液管(10mL)	1 支
（100mL)	7 只	（50mL)	1 支
量筒(50mL)	1 只		

（二）试剂

0.1000mol·dm^{-3}F$^-$标准贮备液：准确称取分析纯 NaF（120℃烘 1h）0.4199g 溶于 100mL 容量瓶中，用蒸馏水稀释至刻度，摇匀。

总离子强度调节剂（TISAB）：称取氯化钠 58g，柠檬酸钠 10g，溶于 800mL 蒸馏水中再加入冰醋酸 57mL，用 40% NaOH 溶液调节到 pH＝5.0，然后稀释至 1L。

五、实验步骤

（一）氟电极的准备

氟电极在使用前浸泡在 10^{-3}mol·dm^{-3}NaF 溶液中活化约 30min。用蒸馏水清洗数次直至测得的电位值约为－300mV（此值各支电极不同）。若氟电极暂不使用，宜于干存。

（二）绘制标准曲线

由 0.1000mol·dm^{-3}标准 NaF 溶液配制一系列 NaF 标准溶液各 100mL，其中各含 10mLTISAB 溶液和 10^{-2}、10^{-3}、10^{-4}、10^{-5}、10^{-6}mol·dm^{-3}F$^-$。

将适量标准溶液（浸没电极即可）分别倒入 50mL 烧杯中。放入磁搅拌子，插入氟电极和饱和甘汞电极（事先洗净并擦干），连接线路，在离子计上按由稀至浓顺序测定对应不同 F$^-$浓度溶液的电位值（为什么？）。

以测得的 mV 为纵坐标，以 F$^-$浓度的对数为横坐标作标准曲线。

测量完毕后将电极用蒸馏水清洗至测得的电势值约－300mV 左右待用。

（三）试样中氟的测定

试样用自来水或牙膏，若用牙膏，用小烧杯准确称取约 1g 牙膏，然后加水溶解，加入 10mLTISAB，煮沸 2min，冷却并转移至 100mL 溶量瓶中，用蒸馏水稀释至刻度，待用，若用自来水，可直接在实验室取样。

准确移取自来水样 50mL 于 100mL 容量瓶中，加入 10mLTISAB，用蒸馏水稀释至刻度，摇匀。然后将试样溶液全部倒入小烧杯中，插入电极，在搅拌条件下待电势稳定后读取电势值

E_X，重复 3 次。

（四）清洗电极

测定结束后，用蒸馏水清洗至电势值与起始空白电势值（约 －300mV）相近，擦干；收入电极盒中保存。

六、注意事项

1. 测量时浓度应由稀至浓，每次测定后应用蒸馏水清洗电极和磁搅拌子，并用滤纸擦干。

2. 绘制标准曲线测定一系列标准溶液后，应将电极清洗至空白电势值，然后再测定试样溶液的电势值。

3. 测定过程中每次更换溶液时，离子计的"测量"键应置于断开处。

4. 测定标准溶液和试样溶液时，搅拌速度应一致，且以中速为宜。

七、数据处理

1. 以 E 对 $\lg C_{F^-}$ 作图，绘制标准曲线。

从标准曲线上求该氟电极的实验斜率和线性范围。

2. 由 E_X 值求试样中 F^- 浓度的平均值 c_x（$mol \cdot dm^{-3}$）及标准偏差。

3. 按下式计算牙膏中 F^- 含量：

$$w_{F^-}(\%) = \frac{c_x \times V}{1000 \times W} \times 100\%$$

式中　c_x——标准曲线上查得的试样溶液中 F^- 含量；

V——试样溶液的体积，mL；

W——试样质量，g。

八、思考题

1. 写出离子选择电极的电极电势完整表达式。

2. 为什么在标准溶液和试样溶液中加入总离子强度调节剂（TISAB），其中各组分起何作用？

3. 有时可利用氟离子选择电极测定不含 F^- 的溶液中 La^{3+} 浓度或 Al^{3+} 浓度，试分析其测定原理，并导出电极对 La^{3+} 的电势响应公式。

九、参考资料

1　谢声洛等译. 离子选择性电极分析方法指南. 江苏科学技术出版社，1980. 2

2 李启隆编著. 电分析化学. 北京：北京师范大学出版社，1997

3 陈培榕等编. 现代仪器分析实验与技术. 北京：清华大学出版社，1999

实验十三　阳极极化曲线的测定

一、实验目的

1. 测定铁在 H_2SO_4 溶液中的阳极极化曲线。

2. 了解阳极保护的处理，求算铁的自腐电势、腐蚀电流、钝化电势、钝化电流。

3. 掌握恒电势法的测量原理和实验方法。

二、预习要求

1. 了解自腐电势、腐蚀电流、钝化电势、钝化电流的概念和意义。

2. 了解阳极极化曲线的测量方法。

3. 了解恒电势法的测量原理。

三、实验原理

铁在 H_2SO_4 溶液中，将不断被溶解，同时产生 H_2，即

$$Fe + 2H^+ \Longrightarrow Fe^{2+} + H_2 \uparrow \tag{13-1}$$

Fe/H_2SO_4 体系是一个二重电极，即在 Fe/H_2SO_4 界面上同时进行两个电极反应：

$$Fe \Longrightarrow Fe^{2+} + 2e \tag{13-2}$$

$$2H^+ + 2e \Longrightarrow H_2 \tag{13-3}$$

反应式（13-2）、（13-3）称为共轭反应，正是由于有反应式（13-3）存在，反应式（13-2）才能不断进行，这就是铁在酸性介质中腐蚀的主要原因。

图 13-1 是铁在 H_2SO_4 中的阳极极化曲线图，当对电极进行阳极极化（即加更大正电势）时，反应式（13-3）被抑制，反应式（13-2）加快。此时，电化学过程以 Fe 的溶解为主要倾向，通过测定对应的极化电位和极化电流，就可得到 Fe/H_2SO_4 体系的阳极极化曲线 abc。由于反应式（13-2）是由迁越步骤所控制，所以符合 Tafel 半对数关系，即

$$\eta_{Fe} = a_{Fe} + b_{Fe} \cdot \lg I_{Fe}$$

直线的斜率为 b_{Fe}

当阳极极化进一步加强时，铁的阳极溶解进一步加快，极化电流迅速增大。当极化电势超过 ε_p 时，I_{Fe} 很快下降到 d 点。此后虽然不断增加极化电势。但 I_{Fe} 一直维持在一个很小的数值，如图中 de 段所示。直到极化电势超过 1.5V 时，I_{Fe} 才重新开始增加，如 ef 所

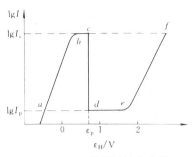

图 13-1 Fe 的阳极极化曲线

示，此时 Fe 电极上开始出氧。从 a 点到 b 点的范围称为活化区，从 c 点到 d 点的范围称为钝化过渡区，从 d 点到 e 点的范围为钝化区，从 e 点到 f 点称为超钝化区。ε_p 称为钝化电势。I_p 称为钝化电流。

铁的钝化现象可作如下解释 图 13-1 中 ab 段是 Fe 的正常溶解曲线。此时铁处在活化状态。bc 段出现极限电流是由于 Fe 的大量快速溶解。当进一步极化时，Fe^{2+} 与溶液中 SO_4^{2-} 形成 $FeSO_4$ 沉淀层，阻滞了阳极反应。由于 H^+ 不易达到 $FeSO_4$ 层内部，使 Fe 表面的 pH 值增加；在电势超过 0.6V 时，Fe_2O_3 开始在 Fe 的表面生成，形成了致密的氧化膜，极大地阻滞了 Fe 的溶解，因而出现了钝化现象。由于 Fe_2O_3 在高电势范围内能够稳定存在，故能保持在钝化状态，直到电势超过 O_2/H_2O 体系的平衡电势（+1.23V）相当多时（+1.6V），才开始产生氧气，电流重新增加。

金属钝化现象在实际中有很多应用。金属处于钝化状态，对防止金属的腐蚀和在电解中保护不溶性的阳极是极为重要的。而另一些情况下，钝化现象却十分有害。如在化学电源、电镀中的可溶性阳极等，则应尽力防止阳极钝化现象的发生。

凡能促使金属保护层破坏的因素都能使钝化后的金属重新活化，或防止金属钝化，例如，加热、通入还原性气体、阴极极化、加入某些活性离子（如 Cl^-）、改变 pH 值等均能使钝化后的金属重新活化或防止金属钝化。

对 Fe/H_2SO_4 体系进行阴极极化或阳极极化（在不出现钝化现象

情况下）既可采用恒电流方法，也可以采用恒电势的方法，所得到的结果一致。但对测定钝化曲线，必须采用恒电势方法，如采用恒电流方法，则只能得到图 13-1 中 *abef* 部分，而无法获得完整的钝化曲线。恒电势法和恒电流法测量原理如图 13-2 所示。

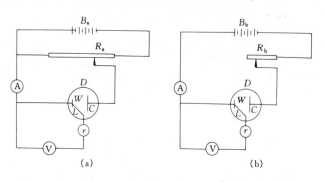

图 13-2   恒电势法和恒电流法测量原理

（a）恒电势法；（b）恒电流法

图 13-2 中 B_a 为低压稳压电源；B_b 为高压电源；R_a 为低电阻；R_b 为高电阻；A 为精密电流表；r 为参比电极；L 为 luggin 毛细管；C 为辅助电极；W 为工作电极；V 为高阻抗毫伏计。

四、仪器和药品

（一）仪器

HDV-7 型恒电势仪	1 台	H 型电解池	1 套
231 型电极	1 支	222 型饱和甘汞电极	1 支
圆柱型铁工作电极	1 支	连接电线	若干根
电势光处理装置	1 套		

（二）药品

抛光处理液   硫酸溶液（$1 \text{mol} \cdot \text{dm}^{-3}$）

五、实验步骤

实验装置如图 13-3 所示，将 H 型电解池洗净干燥后备用。

（一）电极处理

本实验工作电极采用纯铁，并加工成 $\phi 4.5 \text{mm} \times 10 \text{mm}$ 的小圆棒，一端有螺纹，可拧在电极杆末端的螺丝上。

工作电极分别用 200 号至 800 号水砂纸打磨，抛光成镜面，用卡尺测量其外径和长度。将电极固定在电极杆上，擦拭干净后放入乙醇、丙酮中去油。

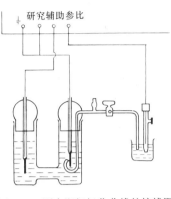

图 13-3　测定阳极极化曲线的接线图

去油后的工作电极进一步进行电抛光处理，即将电极放入 $V(HClO_4) : V(HAc) = 4 : 1$ 的混合液中进行电解。工作电极为阳极，Pt 电极为阴极，电流密度为 $850A \cdot m^{-2}$（铁电极），电解 2min，取出后用蒸馏水洗净，用滤纸吸干后立即放入电解池中。

（二）阳极极化曲线的测定

按图 13-3 接好线路，插上电源，打开仪器电源开关，将 K_4（见附录七）置于"准备"，K_2 置于"给定"，预热 20min。

当工作电极浸入电解液后，立即测定其自腐电势 ε_c。将 K_2 置于"参比"则可测得参比电极对研究电极的开路电势，即为自腐电势 ε_c（相对于参考电极）。每 2min 测量一次，在 20min 内如自腐电势 ε_c 值不变化，即可进行极化曲线的测定。

再使 K_2 置于"给定"，调节 K_5、K_6 使极化电势等于 ε_c。将 K_4 置于"工作"，仪器即开始工作。由 K_4、K_5 给定极化电势。由 K_1 选择合适的电流档读数取相应的极化电流，由自腐电势开始，进行阳极极化。每次改变电势的毫伏值为 2，2，2，2，2，5，5，5，5，5，10，10…，改变电势值后 1min 读取相应的电流值。共改变 200mV 左右。继续增加阳极极化电势。每增加 10mV，1min 读取相应的电流值。在钝化区，每改变 100mV 读取相应的电流值，一直到工作电极出氧（约为 +1.8V）为止。

测完之后，应使仪器复原，清洗电极，记录室温。

六、实验注意事项

1. 电极处理必须仔细认真，处理完后，应立即浸入电解液中。

2. 做恒电势实验时，电流表量程应放在最大。

3. 参比电极的毛细管与工作电极应尽量接近，但不可接触。

七、实验记录和数据处理

1. 用半对数坐标纸，作阳极极化曲线。

2. 由曲线求出自腐电势 ε_c、腐蚀电流 I_c、腐蚀电流密度 i_c 和钝化电势 ε_p、钝化电流 I_p 和钝化电流密度 i_p。

3. 根据 Faraday 定律，计算金属的腐蚀速度。

$$K = \frac{I_m t n}{26.8 \times \rho \times 1000} \quad (\text{mm/a})$$

式中　I_m——维持钝化电流密度，$A \cdot m^{-2}$；

　　　t——时间（一年按 330 天计，共 $24 \times 330h$），h；

　　　n——与得失 1mol 电子相对应的任一电极反应的物质的量，

　　　　g（$n_{Fe^{3+}} = \frac{1}{3}\text{mol} = \frac{56}{3}\text{g} = 18.7\text{g}$）；

　　　ρ——金属的密度，$kg \cdot m^{-3}$（碳钢，$\rho = 7800 kg \cdot m^{-3}$）。

八、思考题

1. 从极化电势的改变，如何判断所进行的极化是阳极极化，还是阴极极化？

2. 测定钝化曲线为什么不能采用恒电流法？

九、参考资料

1　杨文治. 电化学基础. 北京：北京大学出版社，1982. 249

2　Krstuloric I. J. etal. Corroior Sciencem. 1981. **21**：95

3　北京大学化学系物理化学学教研室. 物理化学实验. 北京：北京大学出版社，1985. 183

实验十四　过氧化氢的催化分解

一、实验目的

1. 测定 H_2O_2 催化分解的反应速率常数。

2. 熟悉一级反应特点，了解反应物的浓度、温度和催化剂等因素对反应速率的影响。

3. 学会用图解法求出一级反应的速率常数。

二、预习要求

1. 熟悉一级反应动力学公式以及在变量代换中如何用体积替换反应物浓度。

2. 清楚影响一级反应速率常数的主要因素有哪些。

三、实验原理

凡是反应速率只与反应物浓度的一次方成正比的反应称为一级反应，实验证明，过氧化氢分解的化学计量式为：

$$H_2O_2 \longrightarrow H_2O + \frac{1}{2}O_2$$

如果该反应属于一级反应，则其反应速率方程应遵守下式：

$$\frac{dc_{H_2O_2}}{dt} = k_1 c_{H_2O_2} \qquad (14\text{-}1)$$

式中　k_1——反应速率常数，时间$^{-1}$；

$c_{H_2O_2}$——时刻 t 时反应物浓度。

将式（14-1）积分，积分上下限分别取

$t = 0$，　　$c_{H_2O_2} = c_0$（H_2O_2 的初始浓度）；

$t = t$，　　$c_{H_2O_2} = c_t$（t 时刻的 H_2O_2 浓度），则得

$$\ln \frac{c_t}{c_0} = k_1 \cdot t \qquad \text{或} \qquad \ln c_t = -k_1 t + \ln c_0 \qquad (14\text{-}2)$$

当测定不同时间 t 时 H_2O_2 浓度 c_t，根据式（14-2）可求得速率常数 k_1。在实验中 H_2O_2 浓度 c_t 用化学分析法测定。利用浓硫酸使反应溶液中 H_2O_2 分解反应中止后，再用高锰酸钾溶液滴定求得 H_2O_2 浓度，滴定反应为：

$$2KMnO_4 + 5H_2O_2 + 3H_2SO_4 = 2MnSO_4 + 5O_2\uparrow + K_2SO_4 + 8H_2O$$

过氧化氢物质的量浓度可由下式求得：

$$c_{H_2O_2} = \frac{5c_{KMnO_4} \cdot V_{KMnO_4}}{2V_{H_2O_2}} \qquad (14\text{-}3)$$

式中　$V_{H_2O_2}$——滴定时取样体积，mL；

V_{KMnO_4}——滴定用去 $KMnO_4$ 溶液体积，mL。

将式（14-3）代入式（14-2），当取样体积 $V_{H_2O_2}$ 及 $KMnO_4$ 溶液浓度 c_{KMnO_4} 恒定时，可得

$$\ln(V_{KMnO_4})_t = -k_1 t + \ln(V_{KMnO_4})_0 \tag{14-4}$$

在实验中只需测定不同时刻 t 所对应的滴定同样体积反应液消耗的 $KMnO_4$ 溶液体积 V_{KMnO_4}，按式（14-4）用作图法可求得过氧化氢分解反应速率常数 k_1 值。求出两个不同温度的 k 值后可按阿累尼乌斯方程式求出活化能 E_a 及指前因子 k_0。

$$\ln\frac{k_2}{k_1} = \frac{E_a}{R}\left(\frac{1}{T_1} - \frac{1}{T_2}\right) \tag{14-5}$$

$$k = k_0 e^{-E_a/RT} \tag{14-6}$$

式中　T——反应温度，K；

　　　E_a——活化能，$J \cdot mol^{-1}$；

　　　k_0——指前因子，与速率常数 k 具有相同单位。

化学反应速率常数不仅与反应本性及温度有关，且与反应过程中所用催化剂及其浓度有关，本实验中 H_2O_2 分解反应是在 $FeCl_3$ 及 HCl 溶液中进行，其中 Fe^{3+} 起催化作用，H^+ 起抑制作用，其浓度对反应速率常数的影响用经验式表示。

$$k = k' c_{Fe^{3+}}^a \cdot c_{H^+}^b \tag{14-7}$$

相同温度下，测不同 Fe^{+3} 浓度时反应速率常数 k，可求出 a 值，同理改变 H^+ 浓度可求出 b 值。a、b 值分别表示催化剂和抑制剂浓度对反应速率的影响程度。实验中采用两种不同的 Fe^{3+} 及 H^+ 浓度。

$$k_1 = k'(c_{Fe^{3+}})_1^a (c_{H^+})_1^b \qquad k_2 = k'(c_{Fe^{3+}})_2^a (c_{H^+})_1^b$$
$$k_3 = k'(c_{Fe^{3+}})_2^a (c_{H^+})_2^b$$

则

$$a = \ln\frac{k_1}{k_2} \Big/ \ln\frac{(c_{Fe^{3+}})_1}{(c_{Fe^{3+}})_2} \tag{14-8}$$

$$b = \ln\frac{k_2}{k_3} \Big/ \ln\frac{(c_{H^+})_1}{(c_{H^+})_2} \tag{14-9}$$

四、仪器和药品

（一）仪器

叉形反应管	2 个	移液管(5mL)	3 支
锥形瓶(100mL)	6 只	(10mL)	1 支
滴定管(50mL,酸式)	1 支	(50mL)	1 支
秒表	1 只	量筒(10mL)	1 个

（二）药品

过氧化氢（0.25%，新鲜配制）　　盐酸（0.02mol·dm^{-3}）

三氯化铁（0.02mol·dm^{-3}）与盐酸（0.02mol·dm^{-3}）混合液

高锰酸钾标准溶液(5×10^{-3}mol·dm^{-3})　硫酸(3mol·dm^{-3})

五、实验步骤

1．将恒温槽调节至实验所要求的温度。

2．用移液管取 50mL 0.25% H_2O_2 溶液，置于干燥叉形反应管（图 14-1）的一支管内，再移取 10mL 0.02mol·dm^{-3} $FeCl_3$ 与 0.02mol·dm^{-3} HCl 混合液，置于叉形反应管中另一支管内，浸入恒温槽中 10~15min。

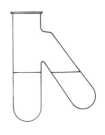

图 14-1　叉形反应管

3．洗净 6 个 100mL 锥形瓶，各放入 5mL 3mol·dm^{-3} H_2SO_4 溶液（起酸性介质及中止反应作用）。用洗瓶冲去瓶壁上沾的 H_2SO_4 溶液。

4．将叉形反应管内两溶液混合并反复倒三次，用移液管取出 5mL 反应液样品放入锥形瓶中。当手松开移液管口，样品则从移液管流出时，启动秒表（从吸取样品到放入锥形瓶尽量快）。用 $KMnO_4$ 溶液滴定，终点为刚显粉红色，得 $t=0$ 时 V_{KMnO_4} 值。

5．约 5min，取第 2 个样品，当手松开移液管口，样品刚流出时，读下秒表指示的时间。用同样方法滴定样品，共取 6 个样品（每次取样间隔 5min），可得到不同时刻 t 时 V_{KMnO_4} 值。

6．用移液管取 50mLH$_2$O$_2$ 溶液于另一支干燥的叉形反应管的直管内，用移液管取 5mL 0.02mol·dm^{-3} $FeCl_3$ 与 0.02mol·dm^{-3} HCl 混合液，置于叉形反应管的支管中。再用移液管取 5mL 0.02mol·

dm^{-3}HCl 溶液也置于叉形反应管的支管中,使支管内 HCl 浓度与步骤 2 相同,但 $FeCl_3$ 浓度减半,按步骤 2~5,测出 6 个不同时间 V_{KMnO_4}数据。同时将第一次用叉形反应管中溶液倒去,洗净烘干备用。

7. 用移液管取 50mL H_2O_2溶液于干燥叉形反应管的直管内,在支管内分别用移液管加入 $0.02mol\cdot dm^{-3}$ $FeCl_3$ 与 $0.02mol\cdot dm^{-3}$HCl 混合液及蒸馏水 5mL。使支管内 $FeCl_3$ 与 HCl 浓度与步骤 2 相比,都降低一半,同样按步骤 2~5 操作一遍。

六、实验注意事项

1. 在测定过程中,注意体系要保持恒温。

2. 从叉形反应管中移取样品到锥形瓶中动作要快。

七、实验记录和数据处理

1. 以 $\ln V_{KMNO_4}$对 t 作图,由斜率求出各组数据的速率常数 k 值。

2. 用第 Ⅰ 组与第 Ⅱ 组 k 值,第 Ⅱ 组与第 Ⅲ 组 k 值分别求出a、b 值。

室温_____K　　　大气压_____Pa

编　号	混合液浓度	时间/min	$V_{样品}$	V_{KMNO_4}
Ⅰ	$0.02mol\cdot dm^{-3}FeCl_3 + 0.02mol\cdot dm^{-3}HCl$			
Ⅱ	$0.01mol\cdot dm^{-3}FeCl_3 + 0.02mol\cdot dm^{-3}HCl$			
Ⅲ	$0.01mol\cdot dm^{-3}FeCl_3 + 0.01mol\cdot dm^{-3}HCl$			

八、思考题

1. 反应速率常数与哪些因素有关?

2. 各组实验中,催化剂 Fe^{3+} 及抑制剂 H^+ 的浓度应如何分别计算?

3. 若求反应活化能,实验如何进行?

九、参考资料

1　罗澄源等编. 物理化学实验. 北京:人民教育出版社,1979. 132
2　吴肇亮等编. 物理化学实验. 石油大学出版社,1992. 163

实验十五　蔗糖水解速率常数的测定

一、实验目的

1. 通过蔗糖溶液比旋光度的测定,了解旋光仪的简单构造原理,并掌握使用方法。

2．利用旋光仪测定蔗糖水解反应的速率常数。

二、预习要求

1．了解旋光仪的构造和使用，了解用旋光仪测定比旋光度的原理和方法。

2．了解用旋光仪测定蔗糖水解速率常数的基本原理和方法。

三、实验原理

（一）旋光物质比旋光度的测定

许多物质都具有旋光性。当一束偏振光通过旋光性物质时，它们可以把偏振光的振动面旋转某一角度。向右旋者为右旋物质，向左旋者为左旋物质。物质的旋光度除了取决于物质本性以外。还与测定时温度、光线经过物质的厚度以及光源的波长有关。当被测物质为溶液时，波长、温度恒定，其旋光度 α 正比于溶液的厚度和浓度。当溶液的厚度和浓度一定时，则该物质的旋光度为一定值。我们把偏振光通过厚度为 1dm、浓度为 $1g\cdot mL^{-1}$ 旋光物质的溶液时的旋光度定义为比旋光度，以 $[\alpha]$ 表示之，即

$$[\alpha] = \frac{\alpha}{l \cdot C} \tag{15-1}$$

式中　l——厚度，dm；

　　　C——每毫升溶液所含溶质的克数，$g\cdot mL^{-1}$。

若溶液浓度以每 100mL 溶液中所含溶质 mg 来表示，上式还可写成：

$$[\alpha] = \frac{\alpha \times 100}{l \cdot m} \tag{15-2}$$

比旋光度 $[\alpha]$ 是度量物质旋光能力的一个常数。通常用旋光度的测定来测定溶液的浓度，鉴定物质的类别等。从手册上查出的物质比旋光度都以 $[\alpha]_D^t$ 表示（t 代表测定温度、D 为所用光源波长），如蔗糖 $[\alpha]_D^{20} = 66.37°$。说明蔗糖溶液在 20℃，光源为钠光 D 线（波长为 589.3nm）时比旋光度为右旋 66.37°。

　式（15-2）也可以写成：

$$\alpha = [\alpha]_D^t l \cdot C \tag{15-3}$$

由式（15-3）可以看出，当其他条件不变时，旋光度 α 与反应物浓度成正比，即

$$\alpha = KC \tag{15-4}$$

式中 K 是与物质旋光能力、溶液厚度、溶剂性质、光源波长、测定温度等有关的常数。

（二）蔗糖水解反应速率方程

蔗糖水解产物为葡萄糖和果糖，反应式为：

$$C_{12}H_{22}O_{11} + H_2O \xrightarrow{H_3^+O} C_6H_{12}O_6 + C_6H_{12}O_6$$
蔗糖　　　　　　　　　葡萄糖　　果糖

为使水解反应加速，反应常 以 H_3^+O 为催化剂，故在酸性介质中进行。水解反应中，水是大量的，反应终了，虽有部分水分子参加反应，但在反应过程中，可认为水的浓度没有改变，故此反应可视为一级反应，即准一级反应，动力学方程为：

$$-\frac{dc}{dt} = kc \tag{15-5}$$

积分得

$$k = \frac{1}{t}\ln\frac{c_0}{c} \tag{15-6}$$

式中　c_0——反应开始时蔗糖浓度；

　　　c——时间 t 时蔗糖浓度。

当 $c = \frac{1}{2}c_0$ 时，t 用 $t_{1/2}$ 表示，称为反应半衰期。

$$t_{1/2} = \frac{\ln2}{k} = \frac{0.693}{k}$$

把式（15-5）变换积分为：

$$-\int_{c_1}^{c_2}\frac{dc}{c} = \int_{t_1}^{t_2}k\,dt \qquad k = \frac{1}{t_2 - t_1}\ln\frac{c_1}{c_2} \tag{15-7}$$

（三）速率常数与旋光度的关系

蔗糖是右旋物质 $[\alpha]_D^{20} = 66.37°$，葡萄糖是右旋物质 $[\alpha]_D^{20} = 52.7°$，果糖是左旋物质 $[\alpha]_D^{20} = -92°$，随着水解程度的增大，反应终了时，体系右旋数值减少，最后变为左旋。

设 $t=0$ 时（蔗糖尚未转化）的旋光度为 $\alpha_0 = K_反 c_0$；

$t=\infty$（蔗糖全部转化）的旋光度为 $\alpha_\infty = K_生 c_0$；

$t=t$ 时，蔗糖浓度为 c，旋光度为 $\alpha_t = K_反 c + K_生(c_0 - c)$。由以上三式可得

$$c_0 = \frac{\alpha_0 - \alpha_\infty}{K_反 - K_生} = K(\alpha_0 - \alpha_\infty)$$

$$c_t = \frac{\alpha_t - \alpha_\infty}{K_反 - K_生} = K(\alpha_t - \alpha_\infty)$$

将 c_0、c_t 代入式（15-6）得

$$k = \frac{1}{t}\ln\frac{\alpha_0 - \alpha_\infty}{\alpha_t - \alpha_\infty} \tag{15-8}$$

或 $$\ln(\alpha_t - \alpha_\infty) = -kt + \ln(\alpha_0 - \alpha_\infty)$$

以 $\ln(\alpha_t - \alpha_\infty)$ 对 t 作图可得一直线，由直线斜率即可求出速率常数 k。

将 c_t 的关系式代入式（15-7）得

$$k = \frac{1}{t_2 - t_1}\ln\frac{\alpha_1 - \alpha_\infty}{\alpha_2 - \alpha_\infty} = \frac{1}{t_n - t_1}\ln\frac{\alpha_1 - \alpha_\infty}{\alpha_n - \alpha_\infty} \tag{15-9}$$

式中　α_1——代表 t_1 时旋光度；

α_n——代表 t_n 时旋光度。

测出一系列 t 和 α 值，由式（15-9）也可算出 k 值。

四、仪器和药品

（一）仪器

旋光仪及附件	1 套	移液管(25mL,公用)	2 支
叉形反应管	1 支	恒温槽(公用)	1 套
容量瓶（50mL）	1 个	洗耳球(公用)	1 个

（二）药品

蔗糖（化学纯）　　　盐酸（$2\text{mol}\cdot\text{dm}^{-3}$）

五、实验步骤

（一）了解和熟悉旋光仪的构造和使用方法

参看附录十一。

（二）旋光仪零点校正

蒸馏水为非旋光性物质，可用它校正旋光仪零点（$\alpha = 0$ 时仪器对应的刻度）。洗净旋光管，关闭一端并充满蒸馏水，盖上玻璃片，管内不应有气泡（以免观察时视野模糊）。为此装水时，应使水在管口形成凸出的液面，旋紧管盖，用滤纸将管外及两端玻璃片外水珠擦干，旋光管放入旋光仪中，打开光源，调整目镜焦距，使视野清楚，旋转检偏镜，使视野观察到明暗相等的三分视野为止，记下检偏镜的旋转角 α，重复数次取其平均值，此值即为仪器之零点。

（三）配制溶液

用粗天平称取 10g 的蔗糖溶于约 20mL 蒸馏水中，倒入 50mL 容量瓶，稀释至刻度，若溶液不清应过滤一次，即得 20% 蔗糖溶液。

（四）蔗糖水解旋光度的测定

用移液管取新配制 20% 的蔗糖溶液 25mL，放入叉形反应管一侧，再用另一支移液管取 $2 \text{mol} \cdot \text{dm}^{-3}$ HCl 溶液 25mL 放入叉形反应管另一侧，将叉形反应管置于恒温槽中恒温 10min，将 HCl 溶液倒入蔗糖溶液中，使溶液混合并开始记时（反应开始），反复摇荡，使溶液混合均匀。用此溶液荡洗旋光管 2～3 次后，装满旋光管，擦干管外及两端玻璃片上的溶液（注意管内不许有气泡）。由于温度的改变，需将旋光管重新放入恒温槽中恒温 5min 左右，取出擦干，放入旋光仪中，测定旋光度 α_1 并同时记时 t_1（由于 α_t 随时间变化，找平衡点要迅速，并立即记时，尔后再读取旋光度 α_t）。再将旋光管重新置于恒温槽中，开始每隔 5min 测量一次，反应 40min 后，可每隔 10～15min 测量一次。

（五）α_∞ 的测定

将反应液放置 48h 后，在相同温度下测定溶液的旋光度即为 α_∞ 值。为缩短时间，可将剩余的混合液置于 50～60℃ 水浴上温热 30min，然后冷却至测定温度，再测旋光度即为 α_∞ 数值。注意水浴温度不能超过 65℃，否则产生副反应，颜色变黄，加热过程亦应避免溶液蒸发，影响浓度。

六、实验注意事项

1. 在测定之前，必须熟练掌握旋光仪的使用，能正确而迅速地找到平衡点并准确读数。

2. 旋光管管盖只要旋至不漏水即可，过紧旋扭会造成损坏或假旋光。

3. 反应速率与温度有关，故叉形反应管两侧溶液需待恒温后才能混合。另外在测量 α_t 时，也应缩短旋光管在恒温槽外的停留时间。

4. 实验结束后，应将旋光管洗净，装满蒸馏水，防止酸对旋光管的腐蚀。

5. 旋光仪的钠光灯不宜长时间开启，测时间隔长时应熄灭，以免损坏。本实验可以不关闭。

七、实验记录和数据处理

1. 将时间、旋光度及 $\ln(\alpha_t - \alpha_\infty)$ 列于下表。

恒温_____K　　　大气压_____Pa

$d = $ _____dm　　$\alpha_\infty = $ _____　　[HCl] = _____mol·dm^{-3}

t /min							
α_t							
$\ln(\alpha_t - \alpha_\infty)$							

2. 以 t 为横坐标，$\ln(\alpha_t - \alpha_\infty)$ 为纵坐标作图，由图线判断反应级数。由直线斜率求出反应速常数及该反应的半衰期。

3. 由图外推求出 $t = 0$ 时旋光度 α_0。

八、思考题

1. 蔗糖水解速率与哪些因素有关？

2. 如何判断某一旋光物质是左旋还是右旋？

3. 为什么配蔗糖溶液可用粗天平称量？

4. 一级反应有何特点？

5. 已知蔗糖的 $[\alpha]_D^{20} = 66.37°$，设光源钠光 D 线，旋光管长度为 2dm，试估算你所配蔗糖和盐酸混合液的最初旋光度为多少？

九、参考资料

1　复旦大学等编. 物理化学实验. 第二版. 北京：高等教育出版社，

1993. 116

2 Daniels F. Experimental Physical Chemistry. 6th, ed. New York Mc Graw-Hill Book Company, 1962. 139, 236

3 印永嘉、李大珍编. 物理化学简明教程. 下册. 北京：人民教育出版社, 1980. 254

实验十六 乙酸乙酯皂化反应速率常数的测定

一、实验目的

1．了解测定化学反应速率常数的另一物理方法——电导法。

2．了解二级反应的特点，学会用图解法求解二级反应的速率常数，了解反应活化能的测定方法。

3．熟悉 DDS-11A 型电导率仪的使用。

二、预习要求

1．了解电导法测定化学反应速率常数的原理。

2．了解用图解法求解二级反应速率常数的方法。

3．了解 DDS-11A 型电导率仪的使用方法。

三、实验原理

（一）二级反应速率方程

测定化学反应速率就是测定反应物浓度随时间的变化率。对于反应速率分别与反应物 A、B 的浓度一次方都成正比的二级反应，其反应速率方程式为：

$$\frac{\mathrm{d}x}{\mathrm{d}t} = k_2(a-x)(b-x) \tag{16-1}$$

式中　　a、b——分别为反应物 A、B 的起始浓度，$\mathrm{mol \cdot dm^{-3}}$；

x——时间 t 时反应物消耗的量，$\mathrm{mol \cdot dm^{-3}}$；

k_2——二级反应的速率常数，$\mathrm{mol^{-1} \cdot dm^3 \cdot min^{-1}}$。

当反应物 A、B 起始浓度相等时，即 $a=b$，则有

$$\frac{\mathrm{d}x}{\mathrm{d}t} = k_2(a-x)^2 \tag{16-2}$$

对式（16-2）作定积分得

$$k_2 = \frac{1}{t} \cdot \frac{x}{a(a-x)} \tag{16-3}$$

若式（16-2）作不定积分，则得

$$\frac{1}{a-x} = k_2 t + 常数 \tag{16-4}$$

因此，若以 $\frac{1}{a-x}$ 对 t 作图，应为一直线，由直线斜率即得 k_2。

所以在反应进行中，只要能够测出不同时刻反应物或产物的浓度，就可求出该反应在指定温度下的速率常数 k_2。

和上述方法相同，可改变反应温度，求出另一温度下速率常数，根据 Arrhenius 公式就可计算该反应的活化能 E：

$$\ln \frac{k(T_2)}{k(T_1)} = \frac{E(T_2 - T_1)}{RT_1 T_2} \tag{16-5}$$

式中 $k(T_1)$、$k(T_2)$——分别为温度 T_1、T_2 时该反应的速率常数；

             E——该反应的活化能，$J \cdot mol^{-1}$；

             R——气体常数。

（二）电导率和速率常数的关系

乙酸乙酯皂化反应为二级反应，其反应式为：

$$CH_3COOC_2H_5 + OH^- \longrightarrow CH_3COO^- + C_2H_5OH$$

OH^- 电导率大，CH_3COO^- 电导率小，因此，在反应过程中电导率大的 OH^- 逐渐被电导率小的 CH_3COO^- 所取代，溶液电导率不断下降，因而可以用测定溶液电导率随时间变化的方法求出该反应的速率常数 k_2、反应级数 n，进而求出反应的活化能 E。

设 a、b 分别为乙酸乙酯和氢氧化钠溶液的起始浓度，且 $a = b$；κ_0、κ_t、κ_∞ 分别为反应时间 $t = 0$，$t = t$，$t = \infty$（反应完毕）时溶液的电导，因稀溶液电导率 κ 与其溶液浓度成正比，即有

$$a \propto \kappa_0 - \kappa_\infty \qquad x \propto \kappa_0 - \kappa_t \qquad a - x \propto \kappa_t - \kappa_\infty$$

将上述关系式代入式（16-3）得

$$k_2 = \frac{1}{at} \times \frac{\kappa_0 - \kappa_t}{\kappa_t - \kappa_\infty} \tag{16-6}$$

式（16-6）重排得

$$\frac{\kappa_0 - \kappa_t}{\kappa_t - \kappa_\infty} = k_2 at \tag{16-7}$$

以$\frac{\kappa_0 - \kappa_t}{\kappa_t - \kappa_\infty}$对$t$作图可得一直线，由此直线斜率即可求出$k_2$。

改变反应温度，求出另一温度下的速率常数，按式（16-5）可求出该反应的活化能。

四、仪器和药品

（一）仪器

DDS-11A 型电导率仪	1 台	DJS-1 型铂黑电导电极	1 支
恒温槽	1 套	叉形反应管	1 支
大试管(50mL)	2 个	移液管(20mL,公用)	2 支
移液管(10mL,公用)	2 支		

（二）药品

氢氧化钠（0.0200，0.0100mol·dm^{-3}新鲜配制）　乙酸乙酯（0.0200mol·dm^{-3}新鲜配制）　醋酸钠（0.0100mol·dm^{-3}新鲜配制）

五、实验步骤

（一）调节恒温槽水温到指定温度（实验前，可由教师调好）

（二）电导率仪调节和使用

参看附录六"电导率仪"，经教师检查后，方可接通电源。

（三）κ_0和κ_∞的测定

移取约 20mL 0.0100mol·dm^{-3}NaOH 溶液加入到洗净烘干的一支大试管中，铂黑电极用该溶液淋洗后插入大试管，放入恒温槽，恒温约 10min。调节电导率仪开始测量，即 0.0100mol·dm^{-3}NaOH 溶液的电导率κ_0。和上述方法相同，在另一支大试管中装入约 20mL 0.100mol·dm^{-3}NaAc 溶液，用该液淋洗铂黑电极，同法测量其电导率即为κ_∞。测量时，每种溶液要平行测量三次，每次测量误差必须在允许范围内，否则继续测量。

（四）κ_t测量

在洗净烘干的叉形反应管中，仔细地取 20mL 0.0200mol·dm^{-3}

NaOH 溶液装入一侧，取 20mL 0.0200mol·dm^{-3}的 CH$_3$COOC$_2$H$_5$ 溶液装入另一侧，塞好塞子，放入恒温槽恒温 10min，取出叉形管，使二支管溶液进行混合，同时记时作为反应起始时间，并仔细地使溶液混合均匀。

当反应进行到 5min 时，按测 κ_0 的方法测电导率一次，并在 10、15、20、25、30、40、50、60min 各测电导率一次，记录电导率 κ_t 和时间 t。

（五）活化能的计算

调节恒温槽温度为另一指定温度（实验前由教师调好），重复上述步骤，测定其 κ_0、κ_t、κ_∞。由于温度升高，反应加快，κ_t 的测量应控制在半小时左右，每次测量间隔相应缩短，通过数据处理计算出该温度下反应的速率常数，按式（16-5）计算活化能 E。条件许可时做此步。

实验结束后，关闭电源，取出电极，用蒸馏水冲洗干净。

六、实验注意事项

1. 所用溶液均需新鲜配制并塞好瓶塞，防止空气中 CO$_2$ 进入瓶中。

2. 为使 NaOH 溶液和 CH$_3$COOC$_2$H$_5$ 溶液混合均匀，需使两溶液在叉形反应管中多次来回往复。

3. 小心取放电导电极，以免损坏。电导电极的插入，不能污染待测液，更不能影响浓度。

4. 为使读数（κ）精确，每次读数前应将电导率仪上的校正测量开关扳至校正位置，再用校正调节器调整表针至满刻度再行测量。

七、实验记录和数据处理

1. 实验记录（见下表）。

恒温温度 _____ K　　$\kappa_0 = $ _____ μS·cm^{-1}　　$\kappa_\infty = $ _____ μS·cm^{-1}

间隔时间 /min	累计时间 /min	电导率 κ_t	$\kappa_0 - \kappa_t$	$\kappa_t - \kappa_\infty$	$\dfrac{\kappa_0 - \kappa_t}{\kappa_t - \kappa_\infty}$

2．数据处理。

（1）用图解法绘制 $\dfrac{\kappa_0 - \kappa_t}{\kappa_t - \kappa_\infty}$-$t$ 图，应得一直线。

（2）由直线斜率计算反应速率常数 k_2。

（3）由两个不同温度求出的 k 值计算活化能 E。

八、思考题

1．如果 NaOH 和 CH$_3$COOC$_2$H$_5$ 的起始浓度不相等，能否计算 k_2 值？若能，应如何计算？

2．如果 NaOH 和 CH$_3$COOC$_2$H$_5$ 溶液为浓溶液，能否用此法求 k_2 值？为什么？

3．本实验为什么要在恒温下进行？NaOH 和 CH$_3$COOC$_2$H$_5$ 溶液在混合前为什么要预先恒温？

4．电导率仪电极上的铂黑片，切勿用任何物体与它撞击，否则铂黑片掉落或二铂黑片位置发生改变，对电导率测定有无影响？

九、参考资料

1　复旦大学等编．物理化学实验．第二版．北京：高等教育出版社，1993．127

2　顾良证、武传昌主编．物理化学实验．江苏科学技术出版社，1986．72

3　Daniels F. Experimental Physical Chemistry. 6th. ed New York Mc Graw-Hill Book Company, 1962. 135

4　傅献彩．陈瑞华编．物理化学．下册．北京：人民教育出版社，1980．178

实验十七　溶液表面张力的测定

一、实验目的

1．测定不同浓度的正丁醇水溶液的表面张力。

2．计算不同浓度时的吸附量，画出 Γ-c 等温吸附曲线。

二、预习要求

1．明确什么是表面张力？什么是表面吉布斯函数？

2．明确溶液表面张力与溶液浓度的关系、溶液表面吸附与溶液浓度的关系。

3．清楚气泡最大压力法测定溶液表面张力的原理和技术。

三、实验原理

（一）Gibbs 吸附公式

当在纯液体中加入溶质时，液体的表面张力就会升高或降低。其升高或降低的数值与溶液的浓度和溶质、溶剂的本性有关。对指定的溶质、溶剂来说，其变化值的多少与溶液浓度的变化量有关。

Gibbs 在 1878 年用热力学方法导出了溶液浓度的变化和表面张力变化之间的关系式，对于两组分（非电解质）稀溶液有：

$$\varGamma = -\frac{c}{RT} \times \frac{\mathrm{d}\sigma}{\mathrm{d}c} \tag{17-1}$$

式中 $\varGamma$——溶质在每平方米表面层中的吸附量，$\mathrm{mol \cdot m^{-2}}$；

c——溶液的浓度，$\mathrm{mol \cdot m^{-3}}$；

σ——表面张力，$\mathrm{N \cdot m^{-1}}$。

当 $\dfrac{\mathrm{d}\sigma}{\mathrm{d}c} < 0$ 时，$\varGamma > 0$，称为正吸附，即增加浓度时，溶液的表面张力降低；

当 $\dfrac{\mathrm{d}\sigma}{\mathrm{d}c} > 0$ 时，$\varGamma < 0$ 时，称为负吸附，即增加浓度时，溶液的表面张力增大。

（二）表面活性物质在溶液表面的吸附及吸附等温线

把溶于液体使液体表面张力降低的物质叫表面活性物质。工业和日常生活中广泛被应用的去污剂、乳化剂以及起泡剂、消泡剂等都是表面活性物质。

它们的主要作用发生在界面上，由于表面活性物质具有明显的不对称结构，分子是由极性部分（亲水基）和非极性部分（亲油基）构成，在水溶液表面，极性部分向着水而非极性部分向着空气。

本实验用气泡的最大压力法测定不同浓度正丁醇水溶液的表面张力，然后作出 $\sigma = f(c)$ 的等温曲线，见图 17-1。由曲线可以看出，开始时 σ 随 c 的增加而迅速下降。以后的变化较缓。根据曲线 $\sigma = f(c)$ 可以作出曲线 $\varGamma = f(c)$，其作法是：在曲线 $\sigma = f(c)$ 上取一点 a，通过 a 点分别作曲线的切线和平行于横坐标的直线且与纵轴交于 b、b'，令 $bb' = Z$，则有：

$$-\frac{Z}{c}=\frac{\mathrm{d}\sigma}{\mathrm{d}c} \qquad 或 \qquad Z=-c\cdot\frac{\mathrm{d}\sigma}{\mathrm{d}c} \qquad (17\text{-}2)$$

将式（17-2）代入式（17-1），可得

$$\Gamma=\frac{Z}{RT} \qquad (17\text{-}3)$$

由式（17-3）即可求得相应于 a 点的表面吸附量。若取曲线 $\sigma=f(c)$ 上不同浓度的点。用同样方法就可得不同浓度 Z。从而得到不同浓度的吸附量，画出 $\Gamma=f(c)$ 吸附等温线，见图17-2。

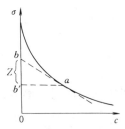 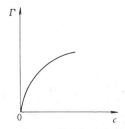

图 17-1　表面张力与浓度的关系　　17-2　表面吸附量与浓度的关系

（三）气泡最大压力法测定表面张力的原理

仪器装置见图 17-3，将待测表面张力的液体装入表面张力仪 3 中，使玻璃管 8 的端面与液面相切，液面即沿毛细管上升，当用抽气瓶减压（或在毛细管另一端吹气加压）时，可在液面形成气泡，抽气时液面上压力 p 逐渐减小，毛细管中压力 p_0 就逐渐把管中液面压至管口，形成曲率半径最小（等于毛细管半径 r）的半球形气泡，这时平衡压力差也最大，按 Laplace 公式，则

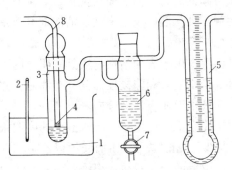

图 17-3　测定表面张力的装置

1—恒温槽；2—温度计；3—表面张力仪；
4—毛细管；5—U形压差计；6—抽气瓶；
7—滴水活塞；8—通气玻璃管

$$\Delta p_r=p_0-p=\frac{2\sigma}{r}$$

$$(17\text{-}4)$$

如果液面上压力再减少一极小量,则毛细管中压力 p_0 将把此泡压出管口。假设此时"泡"的半径为 r',则有 $r'>r$(见图 17-4)。

根据 Laplace 公式,此时"泡"的表面膜能承受的平衡压力差为:

$$\Delta p_r' = p_0 - p' = \frac{2\sigma}{r'} < \Delta p_r$$

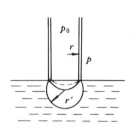

但实际上 $\Delta p_r' > \Delta p_r$。假设与实际矛盾,所以半径为 r' 的"泡"不能处于平衡状态而必破裂,破裂时将空气带入体系,压力差即下降,故最大的压力差值即表示气泡半径为 r(毛细管半径)时的压力差值。这个最大的压力差值可以由 U 形压力计上读出。

图 17-4 压力和半径的关系

因为毛细管半径很小时,半径 r 及压差计的压力差 Δp 与液体的表面张力 σ 有如下关系:

$$\sigma = \frac{r}{2}\Delta p \tag{17-5}$$

对表面张力为 σ_1 及 σ_2 的两种不同液体用同一支毛细管测定时,由式(17-5)可得:

$$\sigma_1 = \frac{r}{2}\Delta p_1$$

$$\sigma_2 = \frac{r}{2}\Delta p_2$$

比较 σ_1、σ_2 则有

$$\frac{\sigma_1}{\sigma_2} = \frac{\Delta p_1}{\Delta p_2} = \frac{\Delta h_1}{\Delta h_2} \tag{17-6}$$

其中 Δh_1、Δh_2 为两种液体测量时 U 形压差计两端液柱高之差。由式(17-6)可得

$$\sigma_1 = \sigma_2 \frac{\Delta h_1}{\Delta h_2} = k\Delta h_1$$

其中 $k = \frac{\sigma_2}{\Delta h_2}$ 称为毛细管常数,可由实验测定 Δh_2 及已知 σ_2 求得。

四、仪器和药品

（一）仪器

磨口的表面张力仪	1 套	恒温槽	1 个
温度计	1 支	抽气瓶	1 个
容量瓶（100mL）	9 个	U 形压差计	1 台
刻度移液管（5mL、1mL）	各 1 支		

（二）药品

正丁醇（分析纯）

五、实验步骤

（一）配制不同浓度的正丁醇水溶液

配制 0.02、0.05、0.1、0.2、0.25、0.3、0.35、0.5mol·dm^{-3} 的正丁醇水溶液各 100mL。

（二）毛细管常数 k 的测定

先将预先洗净的表面张力仪 3 及玻璃管 8 按图 17-3 安装好并浸入恒温槽恒温 10min，另在抽气瓶 6 中注入水，在表面张力仪 3 中注入已知表面张力的标准液体如水，使液面与毛细管端部恰好接触，让其恒温，调整表面张力仪在恒温槽内位置，使毛细管端面保持水平，然后打开抽气管活塞，让水缓慢滴下而导致 3 内逐渐减压，直至气泡冲出毛细管尖端时，压力计液柱差就突然下降，记下突然下降前压力计两边液柱最大高度差 Δh，由 Δh 及已知 σ 可以计算毛细管常数 k。

（三）正丁醇水溶液表面张力的测定

依照测定标准液 Δh 的方法测定以上不同浓度（mol·dm^{-3}）正丁醇水溶液的压力差 Δh，每次测量前，必须用待测液洗涤表面张力仪及毛细管内壁 2~3 次，注意毛细管尖端不要碰损和玷污。

六、实验注意事项

1. 实验成败的关键在于毛细管尖端和表面张力仪的洁净，注意洗净。

2. 杂质对 σ 影响很大，所以配制溶液标准液最好用双蒸水。

3. 在控制抽气瓶中水的流速时，注意让气泡一个个均匀产生，一般使每一气泡的形成时间不少于 10s，为了避免读数误差，可读三次取平均值。

4. σ 与温度有关，注意表面张力仪中液面需埋在恒温槽水面下，估计待测温度已达平衡时才可测定。

七、实验记录和数据处理

1. 计算毛细管常数 k。

恒温 _____ K   大气压 _____ Pa

项 目	水	正丁醇水溶液浓度 c /(mol·dm^{-3})							
		0.02	0.05	0.10	0.20	0.25	0.30	0.35	0.50
Δh /mm									
σ /(N·m^{-1})									
Z									
$\Gamma \times 10^{10}$ /(mol·m^{-2})									

2. 计算不同浓度正丁醇水溶液的表面张力 σ。

3. 作 σ-c 图，在曲线上取若干点，作切线求出不同浓度的 Z 值。

4. 由 $\Gamma = \dfrac{Z}{RT}$ 计算不同浓度的 Γ 值，绘制 Γ-c 曲线。

八、思考题

1. 用气泡最大压力法测定液体表面张力时，需使毛细管尖端恰好接触到液面，为什么？如果插得较深时将产生什么后果？

2. 当毛细管端部冒泡时，如何要求均匀且间断，如果连串出泡对实验影响如何？

3. 表面张力仪的清洁与否对所测数据有何影响？

九、参考资料

1 复旦大学等编. 物理化学实验. 第二版. 北京：高等教育出版社，1993. 161

2 C.M 李帕托夫著. 胶体物理化学. 上册. 北京：高等教育出版社，1954. 100

3 北京大学化学系物理化学教研室. 物理化学实验. 北京：北京大学出版社，1985. 197

实验十八 溶液中的等温吸附

一、实验目的

1. 测定活性炭在醋酸水溶液中对醋酸的吸附。

2．验证 Freundlich 公式及 Langmuir 公式。

3．求出 Freundlich 公式中的常数 n 和 k，应用公式及实验数据推算活性炭的比表面。

二、预习要求

1．熟悉 Freundlich 吸附经验方程。

2．Langmuir 吸附理论的基本要点是什么？

3．明白以实验数据和 Langmuir 吸附公式推算活性炭比表面的方法。

三、实验原理

比表面大的固体物质，如活性炭、硅胶等均在溶液中有很强的吸附能力，由于吸附剂表面结构的不同，对不同的吸附质有着不同的吸附作用，因而吸附剂能够从混合溶液中有选择地把某一种溶质吸附，这叫吸附剂的选择性。本实验研究活性炭在醋酸水溶液中对醋酸的吸附能力。吸附能力的大小常用吸附量 Γ 表示。Γ 通常指每公斤吸附剂上吸附溶质的量，在温度恒定时，吸附量 Γ 与吸附质的平衡浓度 c 有关，吸附等温线如图 18-1 所示。在中等浓度的溶液中，二者的关系常符合 Freundlich 经验公式：

$$\Gamma = \frac{x}{m} = kc^n \qquad (18\text{-}1)$$

式中　x——吸附质的量，mol；

Γ——吸附量，$mol \cdot kg^{-1}$；

m——吸附剂的质量，kg；

c——吸附达平衡时溶液的浓度，$mol \cdot dm^{-3}$；

k、n——常数（n 在 $0 \sim 1$ 之间），由温度溶剂、吸附剂与吸附质的性质决定。

将式（18-1）两边取对数，得到：

$$\lg\{\Gamma\} = n\lg\{c\} + \lg k \qquad (18\text{-}2)$$

由实验结果，以 $\lg\{\Gamma\}$ 对 $\lg\{c\}$ 作图得一直线，如图 18-2 所示，由斜率及截距可求 n 和 k。

根据 Langmuir 单分子层吸附理论导出公式如下：

$$\varGamma = \varGamma_\infty \frac{bc}{1+bc} \qquad (18\text{-}3)$$

由式（18-3）得

$$\frac{c}{\varGamma} = \frac{c}{\varGamma_\infty} + \frac{1}{b\varGamma_\infty} \qquad (18\text{-}4)$$

以 $\dfrac{c}{\varGamma}$ 对 c 作图可得一直线，如图 18-3。由直线斜率可求 $\varGamma_\infty$，$\varGamma_\infty$ 为饱和吸附量，即吸附剂表面被吸附质铺满单分子层时的吸附量，b 为常数。

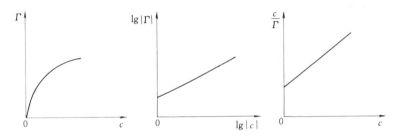

图 18-1　吸附量与　　图 18-2　$\lg\{\varGamma\}$ 与 $\lg\{c\}$　图 18-3　$\dfrac{c}{\varGamma}$ 与 c 关系曲线
　　平衡浓度曲线　　　　　关系曲线

有了 $\varGamma_\infty$ 数值，按照 Langmuir 单分子层吸附模型，并假定吸附质分子在吸附剂表面上是直立的，每个醋酸分子所占的面积以 $24.3 \times 10^{-20} \mathrm{m}^2$ 计，则吸附剂的比表面 A_w 可按下式算得：

$$A_\mathrm{w} = \frac{\varGamma_\infty \times 6.02 \times 10^{23} \times 24.3}{10^{20}} \quad (\mathrm{m}^2 \cdot \mathrm{kg}^{-1})$$

四、仪器和药品

（一）仪器

锥形瓶（磨口玻塞 250mL，干燥）	12 个	振荡机		1 台
		砂芯漏斗（1G4，干燥）		6 个
锥形瓶（250mL）	3 个	滴定管（50mL，碱式）		1 支
移液管（20mL）	1 支	（100mL，酸式）		2 支
（10mL）	1 支			

（二）药品

醋酸（约 $0.4mol \cdot dm^{-3}$）　　　　　标准氢氧化钠溶液

活性炭（事先活化好放入干燥器中备用）　酚酞指示剂

五、实验步骤

1．取 6 个洗净烘干的磨口玻塞锥形瓶编号，每瓶中各称量约 1g 活性炭（准确至毫克）。

2．按照表 18-1 要求，配制各瓶中醋酸水溶液。

3．各瓶用磨口塞塞好，振荡 3h，使吸附达到平衡。

4．将各瓶的溶液用洗净干燥的砂芯漏斗抽滤，切记盛滤液的锥形瓶要对应编号，抽滤完毕后，立即盖上瓶塞。

5．按照下列数值吸取滤液，以标准 NaOH 溶液滴定，并记录消耗的体积。

表 18-1　实验瓶编号及要求

瓶　　　号	1	2	3	4	5	6
约 $0.4mol \cdot dm^{-3}$ HAc/mL	100	75	50	25	20	10
蒸馏水/mL	0	25	50	75	80	90

1、2 号瓶各取 10mL；3、4 号瓶各取 20mL；5、6 号瓶各取 40mL。

六、实验注意事项

1．减量法称取活性炭要迅速，称量时事先在天平内放入一些干燥剂，以免活性炭吸附空气中水分。

2．将活性炭放入锥形瓶时要小心，注意不要沾在容器口上。

3．吸附和滤液瓶要号码对应，抽滤完毕，立即盖好瓶盖。

4．振荡前注意磨口塞一定要塞好。

5．滴定时速度要快，以防醋酸挥发。

七、实验记录和数据处理

1．计算各瓶中醋酸溶液原始浓度 c_0。

2．计算吸附达平衡后各瓶中平衡溶液的醋酸浓度 c。

3．由公式计算各瓶中活性炭的吸附量。

$$\Gamma = (c_0 - c)V/m$$

式中　V——溶液的总体积，dm^3；

　　　m——活性炭的质量，kg。

4．分别计算各瓶中 $\lg\{c\}$、$\lg\{\Gamma\}$、$\dfrac{c}{\Gamma}$，并将计算结果和原始数据填入表 18-2 中。

表 18-2　数据记录及数据处理

温度_____　　原配 HAc 浓度_____　　NaOH 浓度_____

瓶号	约0.4 mol·dm⁻³ HAc/dm³	H₂O /dm³	c_0 (mol·dm⁻³)	活性炭 /kg	被滴定 HAc 平衡液/mL	用去 NaOH /mL	平衡液 HAc 浓度	Γ	$\lg\{\Gamma\}$	$\lg\{c\}$	c/Γ
1											
2											

5．作 Γ-c 吸附等温线。

6．作 $\lg\{\Gamma\}$-$\lg\{c\}$ 曲线图，并由斜率和截距求式（18-1）中的 n 和 k。

7．作 c/Γ-c 曲线图，并由斜率求 Γ_∞。

8．由 $A_w = \Gamma_\infty \times 6.02 \times 10^{23} \times 24.3/10^{20}$（$m^2 \cdot kg^{-1}$），计算活性炭的比表面 A_w。

八、思考题

1．吸附作用与哪些因素有关？固体吸附剂从溶液中吸附溶质与吸附气体有何不同？

2．Freundlich 吸附等温式与 Langmuir 吸附等温式有何区别？

3．如何才能加快吸附平衡的到达？

4．试举出吸附在工业生产和日常生活中的几个实例。

5．试述测定固体吸附剂比表面的原理。

九、参考资料

1　北京大学化学系物化教研室．物理化学实验．北京：北京大学出版社，1985．225

2　罗澄源等编．物理化学实验．北京：人民教育出版社，1979．177

3　胡英主编．物理化学．第四版．下册．北京：高等教育出版社，1999．

实验十九　粘度法测高分子化合物的摩尔质量

一、实验目的

1. 了解粘度法测定高聚物摩尔质量的原理。
2. 学会用乌贝路德粘度计测定粘度的方法。

二、预习要求

1. 明确增比粘度、比浓粘度、特性粘度的概念。
2. 了解本实验的原理。
3. 了解乌氏粘度计的使用方法。

三、实验原理

高聚物摩尔质量对于它的性能影响很大，如橡胶的硫化程度、聚苯乙烯和醋酸纤维等薄膜的抗张强度、纺丝粘液的流动性等，均与其摩尔质量有密切关系。通过摩尔质量测定，可进一步了解高聚物的性能，指导和控制聚合时的条件，以获得具有性能优良的产品。

在高聚物中，摩尔质量大多是不均一的，所以高聚物摩尔质量是指统计的平均摩尔质量。

对线型高聚物摩尔质量的测定方法有下列几种，其适用的摩尔质量（M）的范围如下：

端基分析	$M < 3 \times 10^4$
沸点升高，凝固点降低，等温蒸馏	$M < 3 \times 10^4$
渗透压	$M < 3 \times 10^4$
渗透压	$M = 10^4 \sim 10^6$
光散射	$M = 10^4 \sim 10^7$
超离心沉降及扩散	$M = 10^4 \sim 10^7$

上述方法都需要较复杂的仪器设备和操作技术。而粘度法设备简单，测定技术容易掌握，实验结果的准确度也相当高，因此，用溶液粘度法测高聚物摩尔质量是目前应用得较广泛的方法。可测的摩尔质量为 $10^4 \sim 10^7$。

高聚物溶液的粘度 η，一般都比纯溶剂的粘度 η_0 大得多，粘度增加的分数叫做增比粘度。即

$$\eta_{sp} = \frac{\eta - \eta_0}{\eta_0} = \frac{\eta}{\eta_0} - 1 = \eta_r - 1 \qquad (19\text{-}1)$$

式中 η_r——称为相对粘度。

增比粘度随溶液中高聚物浓度的增加而增大，常采用单位浓度时溶液的增比粘度作为高聚物摩尔质量的量度，叫比浓粘度，其值为 $\frac{\eta_{sp}}{c}$。

比浓粘度随着溶液的浓度 c 而改变（图 19-1），当 c 趋近 0 时，比浓粘度趋近一固定的极限值 $[\eta]$，$[\eta]$ 叫做特性粘度，即

$$\lim_{c \to 0} \frac{\eta_{sp}}{c} = [\eta] \qquad (19\text{-}2)$$

$[\eta]$ 值可利用 $\frac{\eta_{sp}}{c}$-c 由外推法求得。因为根据实验，$\frac{\eta_{sp}}{c}$ 和 $[\eta]$ 的关系可以用经验公式表示如下：

$$\frac{\eta_{sp}}{c} = [\eta] + K'[\eta] + K'[\eta]^2 c \qquad (19\text{-}3)$$

故作 $\frac{\eta_{sp}}{c}$-c 的图，在 $\frac{\eta_{sp}}{c}$ 轴上的截距，即为 $[\eta]$。

当 c 趋近于 0 时，$\frac{\ln \eta_r}{c}$ 的极限值也是 $[\eta]$ 这是因为：

$$\frac{\ln \eta_r}{c} = \frac{\ln(1 + \eta_{sp})}{c} = \frac{\eta_{sp}}{c}\left(1 - \frac{1}{2}\eta_{sp} + \frac{1}{3}\eta_{sp}^2 \cdots\right)$$

当浓度不大时，忽略掉高次项，则得

$$\lim_{c \to 0} \frac{\ln \eta_r}{c} = \lim_{c \to 0} \frac{\eta_{sp}}{c} = [\eta] \qquad (19\text{-}4)$$

故可以将经验公式表示如下：

$$\frac{\ln \eta_r}{c} = [\eta] + \beta[\eta]^2 c \qquad (19\text{-}5)$$

这样以 $\frac{\eta_{sp}}{c}$ 及 $\frac{\ln \eta_r}{c}$ 对 c 作图（如图 19-1）得两条直线，这两条直线在纵坐标轴上相交于同一点，可求出 $[\eta]$ 数值。$[\eta]$ 的单位是浓度单位的倒数，均随溶液浓度的表示法不同而异，文献中常用 100mL 溶液内所含高聚物的克数作浓度的单位。

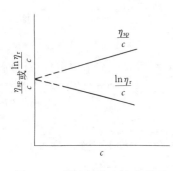

图 19-1 增比粘度和浓度关系

[η] 和高聚物的摩尔质量的关系可以用下面的经验方程表示：

$$[\eta] = KM^\alpha \qquad (19\text{-}6)$$

式中摩尔质量是个平均摩尔质量，用粘度法求得的摩尔质量简称粘均摩尔质量。而 K 和 α 的经验方程的两个参数，对于一定的高聚物分子在一定的溶剂和温度下，K 和 α 是个常数。其中指数 α 是溶液中高分子形态的函数。若分子在良溶剂中，舒展松懈，α 较大；若在不良溶剂中分子团聚紧密则 α 较小，一般在 $0.5\sim1.7$ 之间。所以根据高分子在不同溶剂中 [η] 的数值，也可以相互比较分子的形态。K 和 α 的数值都要由其他实验方法（如渗透压法）给出。

本实验在 25℃ 时，$K = 2.0\times10^{-4}$，$\alpha = 0.76$。

测定粘度的方法主要有：毛细管法、转筒法和落球法，在测定高分子溶液的特性粘度 [η] 时，以毛细管法最方便。液体的粘度系数 η 可以用 t 秒内液体流过毛细管的体积 V 来衡量，设毛细管的半径为 r，长度为 l，毛细管两端的压力差为 p，则粘度系数 η 可以表示如下。

$$\eta = \frac{\pi r^4 p}{8lV} t \qquad (19\text{-}7)$$

粘度系数 η 可作为液体粘度的量度，通常又称为粘度。其绝对值不易测定，一般都用已知粘度的液体测毛细管常数，未知液体的粘度就可以根据在相同条件下，流过等体积所需的时间求出来。因为用同一支毛细管，r、l、V 等一定，设液体在毛细管中的流动单纯受重力的影响，$p = hg\rho$，则对未知粘度的液体可得下式：

$$\eta = \frac{\rho t}{\rho_0 t_0}\eta_0 \qquad (19\text{-}8)$$

式中　η_0、ρ_0、t_0——已知粘度的液体（如纯水，纯苯等）的粘度、密度和流经毛细管的时间；

η、ρ、t——待测液体的粘度、密度和流经毛细管的时间。

四、仪器和药品

(一) 仪器

恒温水槽	1 套	移液管(5mL)	1 支
乌氏粘度计	1 支	移液管(10mL)	2 支
玻璃砂漏斗	2 只	水抽气泵	1 台
注射器(50mL)	1 只	停表	1 只
容量瓶(100mL)	1 只	烧杯(100mL)	1 只

(二) 药品

蒸馏水　　聚乙烯醇　　正丁醇

五、实验步骤

(一) 洗涤粘度计

若是新的粘度计，先用洗液洗，再用自来水洗 3 次，蒸馏水洗 3 次，烘干。如果是已用过的粘度计，则先用纯苯灌入计中，浸洗去除留在粘度计的高分子，尤其是粘度计的毛细管部分，要反复用苯流洗，洗毕，倾去苯液（倒入回收瓶）。烘干后，顺次用洗液、自来水、蒸馏水洗涤，最后烘干。烘干可用煤气灯烤粘度计的大球，一面在粘度计的支管上以水泵抽气，形成热气流把水汽抽走。其他容量瓶、移液管等都要仔细洗净，晾干（要做到无尘）待用。

(二) 配制高聚物溶液

称 0.5g 聚乙烯醇（摩尔质量大的少称些，小的多称些，使测定时最浓溶液和最稀溶液的相对粘度在 2～1.1 之间）放入 100mL 烧杯中，注入约 60mL 的蒸馏水，稍加热使溶解。冷至室温，加入 2 滴正丁醇（去泡剂），并移入 100mL 容量瓶中，加水至 100mL。为了除去溶液中的固体杂质，溶液应经过玻璃砂漏斗过滤，过滤时不能用滤纸，以免纤维混合。一般高聚物不易溶解，往往要几小时至一、二天时间（溶液在实验前已配好）。

(三) 测定溶剂流过毛细管的时间 t_0

本实验用乌贝路德粘度计（图 19-2），它是气承悬柱式可稀释的

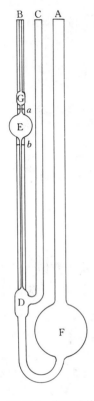

图 19-2 乌贝路德
粘度计

粘度计。用移液管吸 10mL 蒸馏水，从 A 管注入粘度计。于 25℃ 恒温槽中恒温 5min，进行测定。在 C 管套上橡皮管，并用夹子夹牢，使不通气。在 B 管口也套上橡皮，接上针筒，将水从 F 球经 D 球、毛细管、E 球抽至 G 球。解去夹子，让 C 管接通大气，此时 D 球内的液体即回入 F 球，使毛细管以上的液体悬空。然后拔去针筒，则毛细管以上的液体下落，当液面流经 a 刻度时，立即按停表开始记时间，当液面降至 b 刻度时，再按停表，测得刻度 a、b 之间的液体流经毛细管所需的时间。同样重复操作至少三次，它们间相差不大于 0.2s。取 3 次的平均值为 t_0，即为水的流出时间。

（四）溶液流出时间的测定

1. 测定 t_0 后烘干粘度计，用干净的移液管吸取已恒温好的被测溶液 10mL，移入粘度计内，恒温 2min。仍按上面的操作步骤，测定溶液（浓度 $c_1 = 0.005$ g·mL^{-1}）的流出时间 t_1。

2. 用移液管吸取 5mL 蒸馏水，经 A 管加入到已测定的粘度计中以稀释溶液。恒温 2min，并将此稀释液抽至粘度计的 E 球 2 次，使粘度计内溶液各处的浓度相等。按前面所述方法测定流出时间 t_2。如果依次再加入 5、10、10mL 蒸馏水，使溶液浓度为开始浓度的 1/2、1/3、1/4。分别测出它们的流出时间 t_3、t_4、t_5。填入已画好的表格中。

六、实验注意事项

1. 粘度计必须洗净、烘干，实验时要保持粘度计垂直，不要震动。

2. 实验前，先检查恒温槽温度是否恒定。

3. 注射器抽吸混合时，应注意抽吸速度，胶管不能折叠。

4. 粘度计很易折断应以正确姿势捏握。

七、实验记录和数据处理

1. 为了作图方便，假定起始浓度 1，依次加入 5、5、10、10mL 溶剂稀释后的浓度分别为 2/3、1/2、1/3、1/4，计算各浓度的 η_r、η_{sp}、η_{sp}/c 及 $\ln\eta_r/c$，并填入下表。

溶剂_____   试样_____   恒温温度_____K

项　　目		流出时间/s				η_r	$\ln\eta_r$	η_{sp}	η_{sp}/c	$\ln\eta_r/c$
		①	②	③	平均值					
溶剂	H_2O									
溶液	$c_1=1$									
	⋮									

2. 作 η_{sp}/c-c 图和 $\ln\eta_r/c$-c 图，并外推至 $c=0$，求出 $[\eta]$ 值。

3. 由 $[\eta]=KM^\alpha$ 式及在所用溶剂和温度条件下的 K 和 α 值，求出聚乙烯醇的摩尔质量 M。

八、思考题

1. 乌氏粘度计有何优点，本实验能否改用双管粘度计（减去 C 管)?

2. 毛细管太粗太细对测定有何影响？

3. 影响粘度准确测定的因素有哪些？

4. 为什么 $\lim\limits_{c\to 0}\dfrac{\eta_{sp}}{c}=\lim\limits_{c\to 0}\ln\dfrac{\eta_r}{c}$。

九、参考资料

1　钱人元. 高分子化合物摩尔质量的测定. 北京：科学出版社，1958

2　北京大学化学系物理化学教研室编. 物理化学实验. 北京：北京大学出版社，1985. 234

3　复旦大学等编. 物理化学实验. 第二版. 北京：高等教育出版社，1993. 177

实验二十　溶胶的制备、净化及其性质的研究

一、实验目的

用不同方法制备胶体溶液，观察实验现象，了解胶体的光学性质和电学性质，研究电解质对憎液胶体稳定性的影响。

二、预习要求

1. 明确胶体的定义。

2. 清楚分散法、凝聚法制备胶体的原理。

3. 了解胶体为什么需要净化，怎样净化？

4. 什么是胶体的 Tyndall 效应？

5. 清楚胶体稳定的原因是什么？了解电解质对溶胶稳定性的影响及亲液溶胶对憎液溶胶的保护作用。

三、实验原理

（一）溶胶的定义及其特征

溶胶是固体以胶体分散程度分散在液体介质中所形成的分散体系。其特征如下。

（1）它是多相体系，相界面很大。

（2）胶粒的直径在 $1 \sim 100 \text{nm}$ 之间。

（3）它是热力学不稳定体系，具有聚结不稳定性，是动力学稳定体系。

（二）溶胶制备方法

溶胶制备方法分分散法和凝聚法两大类。

分散法是把较大的物质颗粒变成胶粒大小的质点。常用的有：机械法——如用胶体磨把物质分散至胶粒的范围；电弧法——以金属为电极，通电产生电弧使金属变成蒸气后立即在周围冷的介质中凝聚成胶粒，即得金属溶胶；胶溶法——松软沉淀由于电解质作用，重新分散成胶体。

凝聚法是把物质的分子或离子凝结成较大的胶粒。常用的有：改变分散介质法、复分解法等。

（三）溶胶的净化

制成的胶体中常含有其他杂质，影响胶体的稳定性，故必须净化，溶胶的净化是根据半透膜允许离子或分子透过而不允许胶粒透过的特性来进行渗析的。本实验是用火棉胶来制取半透膜（具体的制取和净化方法参见实验二十一）。

（四）溶胶的光学性质——Tyndall 效应

用一束会聚光线通过溶胶，在光前进方向的侧面可看到"光路"，

此现象可用来鉴别胶体。如图 20-1
所示。

（五）溶胶的电学性质及电解质
的聚沉作用

胶粒是荷电质点，带有过剩的负
电荷或正电荷，这种电荷是从分散介
质中吸附或解离而得。胶体能够稳定

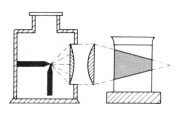

图 20-1　丁达尔效应

存在的原因是胶体粒子带电和胶粒表面溶剂化层的存在。当在溶胶中
加入电解质就能使溶胶发生聚沉，电解质中起聚沉作用的主要是电荷
符号与胶粒所带电荷相反的离子，一般说来反号离子的聚沉能力是：
三价＞二价＞一价，聚沉能力的大小常用聚沉值表示，聚沉值指使溶
胶发生明显聚沉所需电解质的最小浓度，单位为 $mmol \cdot L^{-1}$，聚沉能
力是聚沉值的倒数。

（六）亲液溶胶的保护作用

如果把亲液溶胶加入到憎液溶胶中去，在绝大多数情况下可以增
加这些憎液溶胶对电解质的稳定性，这种现象称为保护作用，保护作
用的结果使聚沉值增加。

四、仪器和药品

（一）仪器

烧杯(150mL)	2 个	量筒(100mL)	3 个
（100mL)	5 个	（5mL)	4 个
（50mL)	4 个	滴定管(25mL,酸式)	2 支
锥形瓶(100mL)	6 个	Tyndall 效应装置	1 套
（250mL)	2 个	H_2S 气体发生器装置	1 套
（50mL)	4 个	漏斗、银电极	
移液管(10mL)	1 支	试管	10 支

（二）药品

$FeCl_3$（10％）　　$AgNO_3$（0.02 $mol \cdot dm^{-3}$）　　$FeCl_3$（20％）　　KI
（0.02$mol \cdot dm^{-3}$）　　$AgNO_3$（1.7％）　　$K_3[Fe(CN)_6]$（0.08$mol \cdot dm^{-3}$）
$Na_2S_2O_4$（1％）　　$Na_2S_2O_3$（1$mol \cdot dm^{-3}$）　　$NH_3 \cdot H_2O$（10％）　　H_2SO_4

$(1mol \cdot dm^{-3})$　$K_2CO_3(1\%)$　$NaOH(0.001mol \cdot dm^{-3})$　$KMnO_4$ (1.5%)　$KCl(1mol \cdot dm^{-3})$　单宁$(1\%,$新鲜配制$)$　$KSCN(0.5mol \cdot dm^{-3})$　松香酒精溶液(2%)　$K_2CO_3(0.25mol \cdot dm^{-3})$　硫磺饱和溶液　$BaCl_2(0.005mol \cdot dm^{-3})$　饱和石蜡酒精溶液　$AlCl_3(0.0003mol \cdot dm^{-3})$　As_2O_3 饱和溶液

五、实验步骤

(一)胶体溶液的制备

1．化学凝聚法

(1)水解法制备$Fe(OH)_3$溶胶。在100mL烧杯中加入45mL蒸馏水。加热至沸，慢慢滴加5mL10％$FeCl_3$溶液，并不断搅拌，加完后继续沸腾几分钟使水解完全，即得到深红棕色$Fe(OH)_3$溶胶，观察 Tyndall 效应。

(2)硫溶胶。取 $1mol \cdot dm^{-3}H_2SO_4$ 0.5mL 冲淡至 5mL。再取 $1mol \cdot dm^{-3}Na_2S_2O_3$0.5mL 冲淡至 5mL。将两液体混合，立即观察 Tyndall 效应，注意散射光颜色变化直至浑浊度增加至光路看不清为止，记下散射光颜色随时间变化的情形，并解释其原因。

(3)As_2S_3溶胶。在250mL锥形瓶中加入50mL水，通入H_2S气体使达饱和，将此饱和H_2S水溶液加入事先在250mL锥形瓶内放置好的50mL As_2O_3饱和水溶液中，即得到As_2S_3溶胶，写出反应方程式及胶团表示式。

(4)AgI 溶胶。AgI在水中溶解度很小（$9.7 \times 10^{-7}mol \cdot dm^{-3}$），当硝酸银溶液与易溶于水的碘化物相混合时应析出沉淀，但在混合稀溶液时，若取其中之一过剩，则不产生沉淀，而形成胶体溶液，胶体溶液的性质与过剩的什么离子有关?

取 4 个锥形瓶，用滴定管准确放入如下比例的各种溶液。

第一瓶中：先加入 10mL $0.02mol \cdot dm^{-3}$KI 溶液，然后在不断摇匀情况下，慢慢滴入 8mL $0.02mol \cdot dm^{-3}$AgNO_3 溶液。

第二瓶中：只加 10mL$0.02mol \cdot dm^{-3}$KI 溶液。

第三瓶中：先加 10mL $0.02mol \cdot dm^{-3}$AgNO_3 溶液，然后慢慢滴入 8mL$0.02mol \cdot dm^{-3}$KI 溶液，同时充分摇匀。

第四瓶中：同第三瓶。

将一、三瓶混合，再将二、四瓶混合，充分摇荡，看有无变化？记下所看到的现象。

（5）银溶胶。取 2mL1.7% $AgNO_3$ 溶液，用水稀释至 100mL，先加入 1mL 1% 单宁溶液，再加入 3～4 滴 1% K_2CO_3 溶液，得到红棕色带负电的金属银溶胶，单宁量少时，溶胶呈橙黄色。

在碱性介质中发生下列反应：

$$6AgNO_3 + C_{76}H_{52}O_{46} + 3K_2CO_3 \longrightarrow$$
$$6Ag\downarrow + C_{76}H_{52}O_{49} + 6KNO_3 + 3CO_2$$

（6）二氧化锰溶胶。用连二亚硫酸盐还原锰盐。5mL1.5% 的 $KMnO_4$ 溶液用水稀释至 50mL，滴加 1.5～2mL1% 的 $Na_2S_2O_4$ 溶液到稀释液中，生成深红色的二氧化锰溶胶。

2．物理凝聚法（改变分散介质和实验条件）

（1）硫溶胶。在试管中加入 2mL 硫的酒精饱和溶液，加热倒入盛有 20mL 的烧杯内，搅拌即得到带负电的硫溶胶，观察 Tyndall 效应。

（2）松香溶胶。以 2% 松香酒精溶液一滴滴地滴入 50mL 蒸馏水中，并剧烈搅拌，可得到半透明的带负电松香溶胶，观察实验现象。

（3）石蜡溶胶。取 1mL 饱和的（不加热）石蜡乙醇溶液，在搅拌下小心滴加入 50mL 水中，得到带负电的有乳光的石蜡溶胶，观察 Tyndall 效应。

3．胶溶法制备 $Fe(OH)_3$ 溶胶

取 1mL20% $FeCl_3$ 溶液放在小烧杯中，加水稀释至 10mL，用滴管滴入 10% NH_3H_2O 至稍过量为止（如何知道），用水洗涤数次，取下沉淀放在另一烧杯中，加水 10mL，再加入 20% $FeCl_3$8～12 滴，用玻璃棒搅动，并小火加热，最后可得到透明的胶体溶液。

4．分散法（电弧法）制备银溶胶

仪器装置如图 20-2 所示，图中 R 为数百欧姆电阻（此处用大灯泡），电源用 220V 交流电，在 100mL 烧杯中放入 50mL0.001mol·dm^{-3}NaOH 溶液，将两根外套橡皮管的银电极插入烧杯中，手持电

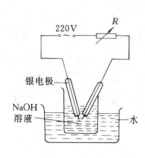

图 20-2 电弧法制备胶体

极使两极接触后立即分开，产生火花连续数次，即得到银溶胶，观察现象。

（二）溶液的聚沉作用和保护作用

1．As$_2$S$_3$ 溶胶的聚沉

在 3 个干净的 50mL 锥形瓶内各移入 10mLAs$_2$S$_3$ 溶胶，分别在各瓶中用滴定管慢慢滴入 $1mol \cdot dm^{-3}$ KCl，$0.005mol \cdot dm^{-3}$ BaCl$_2$，$0.0003mol \cdot dm^{-3}$ AlCl$_3$，摇动锥形瓶，注意开始有明显聚沉物出现时，停止加入电解质并记下所用的各电解质体积，并换算出聚沉值和聚沉能力之比。

另外在两个 100mL 锥形瓶中各移入 10mLAs$_2$S$_3$ 溶胶，然后自滴定管中分别加入 $0.25mol \cdot dm^{-3}$ K$_2$SO$_4$ 与 $0.08mol \cdot dm^{-3}$ K$_3$〔Fe(CN)$_6$〕至有明显聚沉物，记下所用体积，计算聚沉值。

比较 5 种电解质聚沉值大小，确定 As$_2$S$_3$ 溶胶带什么电？

2．亲液溶胶对憎液溶胶的保护作用

在 50mL 锥形瓶中，加入 10mLAs$_2$S$_3$ 溶胶，再加入 2mL5％阿拉伯溶胶，混合均匀，自滴定管加入与前面做的引起聚沉所需 $0.005mol \cdot dm^{-3}$ BaCl$_2$ 的体积，摇动溶液观察结果。

六、实验注意事项

1．玻璃仪器必需洗干净。

2．制备 AgI 溶胶时，滴定管读数一定要准，锥形瓶需事先洗净烘干。

七、实验记录和数据处理

记录实验内容，仔细观察实验现象，并讨论之。

八、思考题

1．试解释溶胶产生 Tyndall 效应的原因。

2．在制备 AgI 溶胶时，试分别讨论当 AgNO$_3$ 或 KI 过量时，胶团表示式。

九、参考资料

1　北京大学化学系物理化学教研室．物理化学实验．北京：北京大学出版社，1985．203

2 〔苏〕拉甫洛夫编．胶体化学实验．济南：山东大学出版社，1987．95

3 傅献彩、陈瑞华编．物理化学．下册．北京：人民教育出版社，1980．463

实验二十一　溶胶电性的研究——电泳

一、实验目的

1．观察胶体的电泳现象，确定胶粒电性。

2．电泳法测$Fe(OH)_3$溶胶的 ζ 电势。

3．掌握界面移动法的电泳技术。

二、预习要求

1．明白胶粒带电的原因，写出水解法制得$Fe(OH)_3$溶胶的胶团表示式。

2．了解胶粒表面电荷的分布状况——扩散双电层理论。

3．什么是 ζ 电势？对胶体的稳定性有何影响？

4．什么是电泳？怎样测定胶粒的电泳速度？

三、实验原理

胶粒都是带电的，其带电原因有：

1．电离带电——在胶体分散体系中，分散相粒子表面的分子由于电离，使得一种离子进入溶液，而另一种离子留在固体表面，使得固体表面带了残留离子的电荷。

2．吸附带电——胶体是高度分散体系，具有大的界面和大的界面能，所以吸附能力很强，吸附是有选择性的，这样就使胶粒带了被吸附的那种离子电荷。

3．摩擦生电——胶粒和分散介质之间互相摩擦产生电荷。

由于整个胶体溶液是电中性的，故在胶粒周围的分散介质中就存在着与胶粒电量相等、符号相反的离子，荷电的胶粒与分散介质间就产生电势差，该电势差被称为 ζ 电势。ζ 电势的数值与胶粒性质、介质成分、溶液浓度等有关。

在外加电场作用下，荷电的胶粒与分散介质间会发生相对运动，胶粒向正极或负极移动的现象称为电泳。同一胶粒在同一电场中的移动速度与 ζ 电势大小有关，可以通过胶粒在外加电场作用下泳动速度，得 ζ 电势值。

实验时若溶胶和辅助液的电导率相等时，ζ 电势可由 Helmholtz 公式求得。

$$\zeta = \frac{\eta u}{\varepsilon E}$$

式中　ζ——流动电势（ζ 电势），V；

η——介质的粘度，Pa·s；

E——电势梯度，V·m^{-1}，$E = \dfrac{V}{l}$；

V——两极间电势差，V；

l——两极间距离，m；

ε——介质相的介电常数，F·m^{-1}，$\varepsilon = \varepsilon_0 \varepsilon_r$；

ε_r——介质的相对介电常数；

ε_0——真空介电常数（$\varepsilon_0 = 8.854 \times 10^{-12}$F·m^{-1}）；

u——电泳速度，m·s^{-1}，$u = \dfrac{s}{t}$；

s——界面移动距离，m；

t——电泳时间，s。

四、仪器和药品

（一）仪器

D3301 型直流高低压电源	1 台	电泳管	1 支
DDS-11A 型电导率仪	1 台	DJS-1 铂黑电极	1 支
Pt 电极	2 支	电子秒表	1 只
电炉	1 个	恒温槽	1 套
锥形瓶(250mL)	2 个	烧杯(500mL)	1 个
（500mL）	1 个	（250mL）	1 个
量筒(250mL)	1 个	万用电表	公用
（50mL）	1 个		

（二）药品

三氯化铁（20%）　　　　　　硝酸银（0.01mol·dm^{-3}）　　　火棉胶

硫氰酸钾（0.01mol·dm^{-3}）　盐酸（（1mol·dm^{-3}）　　　电导水

五、实验步骤

（一）Fe(OH)$_3$溶胶的制备（水解法）

在500mL烧杯中加入250mL电导水，在电炉上加热至沸，用滴管慢慢滴入20mL20%FeCl$_3$溶液，并不断搅拌，加完后再继续沸腾几分钟，即生成红棕色Fe(OH)$_3$溶胶，冷却待用。写出水解反应及胶团表示式。

（二）溶胶净化

1. 半透膜制备。取250mL锥形瓶，内壁必须光滑，充分洗净烘干。在瓶中倒入几毫升6%火棉胶（硝化纤维溶解在乙醇与乙醚混合液中所成），小心转动锥形瓶，使火棉胶在瓶内形成一均匀薄层，倾出多余火棉胶，倒置锥形瓶在铁圈上，让多余火棉胶流尽，并让乙醚挥发，直至用手指轻轻接触火棉胶，若不粘手即可。在瓶口剥开一小部分膜，滴水在膜与瓶壁之间使膜与壁分离，并在瓶内加水至满。浸膜在水中约几分钟，剩余在膜上的乙醇即被溶去，轻轻取出所成之袋，检验袋上是否有漏洞。若有，可擦干有洞部分，用玻璃棒沾少许火棉胶轻轻接触洞口即可补好。

2. Fe(OH)$_3$溶胶净化。将上面制得的Fe(OH)$_3$溶胶置于半透膜内，用线拴住袋口放在盛有蒸馏水的500mL烧杯内，让其渗析，若要加快渗析速度可微微加热，温度不得高于65℃，每隔10～30min换蒸馏水一次，并用AgNO$_3$溶液及KCNS溶液分别检验渗析用水中的Cl$^-$及Fe^{3+}，渗析应进行到不能检出Cl$^-$和Fe^{3+}为止。

（三）配制HCl辅助液

将渗析净化好的Fe(OH)$_3$溶胶放入250mL锥形瓶内，再将锥形瓶放入恒温槽内约10min，用电导率仪测定电导，记下所测数据，另取约150mL电导水放入250mL锥形瓶内，再置入恒温槽约10min，逐滴加入稀盐酸并不断搅拌，测定HCl水溶液电导，使与Fe(OH)$_3$溶胶的电导恰好相等为止。

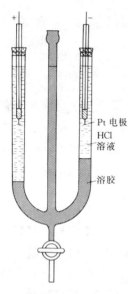

图 21-1　电泳管

（四）装电泳管

电泳管如图 21-1 所示，使用前需先洗净烘干，将上面制得的$Fe(OH)_3$溶胶少许从漏斗处慢慢倒入，注意不要有气泡产生，然后装满漏斗。将电泳管垂直固定在铁架上，再从侧管中装入 HCl 辅助液，其量的多少以 HCl 辅助液面约在侧管中部为宜，在两侧管插上 Pt 电极，然后稍许开启活塞，让溶胶缓慢进入侧管中，以抬高辅助液，并保持界面清晰（严防震动），直至辅助液埋没电极为止，关闭活塞。

（五）测定$Fe(OH)_3$溶胶的电泳速度

将电泳管轻轻放入恒温槽恒温约 10min，两极间接上 D3301 型直流高低压电源，通电，电压 80V，可用万用电表准确读数，几分钟后使界面清晰，打开停表，同时记下界面位置，待电泳 10min、20min，记下界面位置。图 21-2 为电泳仪外接线图。

（六）用细铁丝量取两极在 U 形管内导电的距离

六、实验注意事项

1. 在制备半透膜袋并从瓶内剥离时，注意加水不宜太早，因为乙醚尚未挥发完。加水后，膜呈白色不适用；亦不宜太迟，否则膜变干、变硬不易取出。

2. 溶胶净化要彻底，否则将影响电泳速度。

3. 辅助液电导率必须与溶胶电导率相等。

4. 掌握好装电泳管技术，必须做到辅助液与溶胶的界面分明。

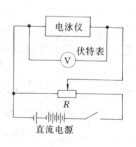

图 21-2　电泳仪外接线图

七、实验记录和数据处理

1. 根据电极符号及溶胶移动方向确定胶粒带电符号。

2. 计算各次电泳速度，取其平均值，并计算 ζ 电势，将实验记录和数据处理填入下表。

室温_____K   大气压_____Pa

测定次数	两极间电压 V/V	两极间距离 L/m	电泳时间 t/s	界面位移 S/m	电泳速度 $u/(m \cdot s^{-1})$	ζ/V	ζ(平均值) $/V$

注：介质水的相对介电常数 $\varepsilon_1 = 81.1$

八、思考题

1. 电泳速度快慢与哪些因素有关？
2. 实验中所用的辅助液电导率为什么要与溶胶电导率相等？

九、参考资料

1 〔苏〕普季洛娃著．胶体化学实验作业指南．北京：高等教育出版社，1955．135

2 C. M. 李帕托夫著．胶体物理化学．北京：高等教育出版社，1954．200

3 复旦大学等编．物理化学实验．第二版．北京：高等教育出版社，1993．169

实验二十二　临界胶团浓度的测定

一、实验目的

1. 测定阴离子型表面活性剂——十二烷基硫酸钠的 cmc 值。
2. 掌握电导法测定离子型表面活性剂的 cmc 的方法。
3. 了解表面活性剂的 cmc 测定的几种方法。

二、预习要求

1. 熟悉 DDS-11A 型电导率仪的测量原理和操作方法。
2. 了解表面活性剂的 cmc 的含义。

三、实验原理

在表面活性剂溶液中，当溶液浓度增大到一定值时，表面活性离子或分子将会发生缔合，形成胶团。对于某指定的表面活性剂来说，其溶液开始形成胶团的最小浓度称为该表面活性剂溶液的临界胶团浓度（critical micelle concentration）简称 *cmc*。

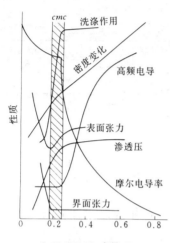

图 22-1　十二烷基硫酸钠
水溶液的一些物理化学性质

表面活性剂溶液的许多物理化学性质随着胶团的形成而发生突变（见图 22-1）。图中可见，表面活性剂的溶液，其浓度只有在稍高于 *cmc* 时，才能充分发挥其作用（润湿作用，乳化作用、洗涤作用、发泡作用等），故将 *cmc* 看做是表面活性剂溶液的表面活性的一种量度。因此，测定 *cmc*、掌握影响 *cmc* 的因素，对于深入研究表面活性剂的物理化学性质是至关重要的。

原则上，表面活性剂溶液随浓度变化的物理化学性质皆可用来测定 *cmc*，常用的方法如下。

（一）表面张力法

表面活性剂溶液的表面张力随溶液浓度的增大而降低，在 *cmc* 处发生转折。因此可由 σ-lg$c$ 曲线确定 *cmc* 值，此法对离子型和非离子型表面活性剂都适用。

（二）电导法

利用离子型表面活性剂水溶液电导率随浓度的变化关系，作 κ-c 曲线或 $\Lambda_m - \sqrt{c}$ 曲线，由曲线上的转折点求出 *cmc* 值。此法仅适用于离子型表面活性剂。

（三）染料法

利用某些染料的生色有机离子（或分子）吸附于胶团上，而使其颜色发生明显变化的现象来确定 *cmc* 值。只要染料合适，此法非常简便，亦可借助于分光光度计测定溶液的吸收光谱来进行确定。适用于离子型、非离子型表面活性剂。

（四）加溶作用法

利用表面活性剂溶液对物质的增溶能力随其溶液浓度的变化来确

定 *cmc* 值。

本实验采用电导法测定阴离子型表面活性剂溶液的电导率来确定
cmc 值。

对于电解质溶液，其导电能力的大小由电导 *G*（电阻的倒数）
来衡量。

$$G = \frac{1}{R} = \kappa\,\frac{A}{L} \tag{22-1}$$

式中　κ——溶液电导率，$S \cdot m^{-1}$；

$\dfrac{A}{L}$——电导电极常数，m^{-1}。

在恒定的温度下，稀的强电解质水溶液的电导率 κ 与其摩尔电
导率 Λ_m 的关系为：

$$\Lambda_m = \kappa / c \tag{22-2}$$

式中　Λ_m——电解质溶液的摩尔电导率，$S \cdot m^2 \cdot mol^{-1}$；

　　　c——电解质溶液的浓度，$mol \cdot m^{-3}$。

电解质溶液的摩尔电导率随其浓度而变。若温度恒定，则在极稀
的浓度范围内，强电解质溶液的摩尔电导率 Λ_m 与其溶液浓度的 $\sqrt{c}$
成线性关系。

$$\Lambda_m = \Lambda_m^\infty - A\sqrt{c} \tag{22-3}$$

式中　Λ_m^∞——无限稀释时溶液的摩尔电导率；

　　　A——常数。

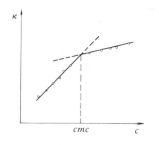
图 22-2　十二烷基硫酸钠水溶液
电导率与浓度的关系

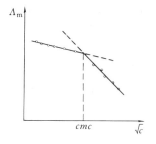
图 22-3　十二烷基硫酸钠水溶液
摩尔电导率与浓度的关系

对于胶体电解质，在稀溶液时的电导率，摩尔电导率的变化规律也同强电解质一样，但是随着溶液中胶团的生成，电导率和摩尔电导率发生明显变化。如图 22-2 和图 22-3 所示，这就是电导法确定 *cmc* 的依据。

电解质溶液的电导率测量，是通过测量其溶液的电阻而得出的。测量方法可采用交流电桥法，本实验采用 DDS-11A 型电导率仪进行测量。

四、仪器和药品

（一）仪器

DDS-11A 型电导率仪	1 台	DJS-1 型铂黑电导电极	1 支
（或数显电导率仪）		烧杯(100mL，干燥)	2 个
78-1 型磁力加热搅拌器	1 台	滴定管(25mL，酸式)	1 支
移液管(50mL)	2 支		

（二）药品

十二烷基硫酸钠（0.020；0.010；0.002mol·dm^{-3}）　电导水

五、实验步骤

（一）电导率仪的调节

1．DDS-11A 型电导率仪面板图见附录六附录图 11 示。通电前，先检查表针是否指零，如不指零，调节表头调整螺丝，使表针指零。

2．接好电源线，经指导教师检查后，方可进行下一步，将校正、测量选择开关扳向"校正"，打开电源开关预热 3～5min，待表针稳定后，旋转校正调节器，使表针指示满度。

3．将高低周选择开关扳向"高周"，调节电极常数调节器在与所配套的电极常数相对应位置上，量程选择开关放在"×10^3"黑点档处。

（二）溶液电导率的测量

1．移取 0.002mol·dm^{-3}C$_{12}$H$_{25}$SO$_4$Na 溶液 50mL，放入 1$^{#}$烧杯中。

2．将电极用电导水淋洗，用滤纸小心擦干（注意：千万不可擦掉电极上所镀的铂黑），插入仪器的电极插口内，旋紧插口螺丝，并把电极夹固好，小心地浸入烧杯的溶液中。打开搅拌器电源，选择适当速度进行搅拌（注意：不可打开加热开关），将校正、测量开关扳向"测量"，待表针稳定后，读取电导率值。然后依次将 $0.020 mol \cdot dm^{-3}$ 的 $C_{12}H_{25}SO_4Na$ 溶液滴入 1，4，5，5，5mL，并记录滴入溶液的体积数和测量的电导率值。

3．将校正、测量开关扳向"校正"，取出电极，用电导水淋洗，擦干。

4．另取 $0.010 mol \cdot dm^{-3}$ 的 $C_{12}H_{25}SO_4Na$ 溶液 50mL，放入 2# 烧杯中。插入电极进行搅拌，将校正、测量开关扳向"测量"，读取电导率值。然后依次将 $0.020 mol \cdot dm^{-3}$ 的 $C_{12}H_{25}SO_4Na$ 溶液滴入 8、10、10、15mL。记录所滴入溶液的体积数和测量的电导率值。

实验结束后，关闭电源，取出电极，用蒸馏水淋洗干净，放入指定的容器中。

六、实验注意事项

1．电导电极上所镀的铂黑不可擦掉，否则电极常数将发生变化。

2．电极在冲洗后必须擦干，以保证溶液浓度的准确，电极在使用过程中，其极片必须完全浸入所测的溶液中。

3．每次测量前，必须将仪器进行校正。

4．测量过程中，搅拌速度不可太快，以免碰坏电极。

七、实验记录和数据处理

1．计算出不同浓度的 $C_{12}H_{25}SO_4Na$ 水溶液的浓度 c 和 $\sqrt{c}$。

2．根据公式（22-2）计算出不同浓度的 $C_{12}H_{25}SO_4Na$ 水溶液的摩尔电导率 Λ_m。

3．将计算结果列于下表，并作 κ-c 曲线和 Λ_m-$\sqrt{c}$ 曲线，分别在曲线的延长线交点上确定出 cmc 值。

室温 ＿＿＿＿＿＿＿＿K　　　　　　大气压 ＿＿＿＿＿＿＿＿Pa

	滴定次数	1	2	3	4	5	6
1# 烧杯	滴入溶液体积 /mL	0	1	4	5	5	5
	烧杯中溶液总体积 /mL	50	51	55	60	65	70
	$c/(mol \cdot dm^{-3})$						
	电导率 κ						

2#烧杯	滴定次数	1	2	3	4	5
	滴入溶液体积/mL	0	8	10	10	15
	烧杯中溶液总体积/mL	50	58	68	78	93
	$c/(\text{mol}\cdot\text{dm}^{-3})$					
	电导率 κ					

八、思考题

1. 表面活性剂临界胶团浓度 cmc 的意义是什么?

2. 本实验中,电导率仪选用"高周"档,为什么?

3. 你考虑在本实验中,采用电导法测定 cmc 可能影响的因素。

九、参考资料

1 赵国玺编著. 表面活性剂物理化学. 北京:北京大学出版社,1984. 130

2 北京大学化学系胶体化学研究室. 胶体与表面化学实验. 北京:高等教育出版社,1980. 18

实验二十三 乳状液的制备和性质

一、实验目的

1. 通过实验掌握乳状液的制备、鉴别及破乳方法。

2. 学会显微镜的使用方法。

二、预习要求

1. 了解乳状液的基本知识。

2. 了解显微镜的成像原理及使用技术。

三、实验原理

乳状液是两种互不相溶的液体形成的分散体系。其中的一种液体以微小液滴状态分散在另一种液体中,前一种液体称为分散相(或称内相、不连续相),后一种称为分散介质(或外相、连续相)。分散相液滴大小一般在 $0.1\sim100\mu m$ 之间。用普通显微镜可进行观察。

大多数乳状液中有一相是水,另一相则是与水不相溶的有机液体,总称为"油"。乳状液有两种类型,以水为分散相,油为分散介质的称为油包水型。用符号 W/O 表示之;以油为分散相,水为分散介质的称为水包油型。用 O/W 表示。

由于乳状液是两种互不相溶的液体形成的分散体系。相界面和界面自由能相当大，所以是热力学不稳定体系，分散相液滴会自发聚成大液滴，以至最后分成两相，单用油和水混合形成的乳状液这一过程进行得很快，极不稳定。为得到稳定的乳状液，就必须加入第三组分——乳化剂。乳化剂包括表面活性剂、高分子物质和固体粉末几种类型，用得最多的是各种表面活性剂。认为乳化剂由于能降低油水界面张力和能在油水界面形成具有一定强度的保护膜，从而使乳状液变得稳定。乳化剂也是决定乳状液类型的主要因素，例如同样油水组成，用脂肪酸钠皂作乳化剂则得 O/W 型乳状液。而用钙皂得 W/O 型。

判断乳状液类型，可采用以下几种方法。

1．混合法。将水与乳状液混合，若是 O/W 型，就能混合，若是 W/O 型则不能混合。

2．染色法。用油溶性染料染乳状液时，若是内相着色，就是 O/W 型，若是外相着色，是 W/O 型，这可以用肉眼或用显微镜观察，如果用的是水溶性染料，则结果正好相反。

3．电导法。O/W 型乳状液能导电。W/O 型乳状液不导电。所以测定乳状液的电导可判断其类型。

乳状液从一种类型转变成另一种类型的现象叫做变型。引起乳状液变型的因素也就是那些决定乳状液类型的因素，主要有相体积、乳化剂的类型、温度、电解质和容器材料的特性等。本实验在油酸钠稳定的 O/W 乳状液中加入铝盐，生成的油酸铝是 W/O 型乳化剂，因而使乳状液从 O/W 型转变成 W/O 型。

有时我们希望破坏乳状液，使两相分离这就是破乳，要求破乳的实际问题很多，如原油脱水、污水的除油处理、从奶制取奶油等。破乳的方法有物理方法和化学方法。物理方法如离心分离制奶油、原油的静电破乳、用超声波破乳等等。化学方法即破坏吸附在界面上的皂变成脂肪酸，乳状液因而破坏。更常用的是加入某些具有相当高的表面活性、但不能形成牢固界面膜的物质，如高级醇和某些类型的表面活性剂（称为破乳剂），这些物质能将原来的乳化剂从界面上顶替，但它不能稳定乳状液，从而达到破乳的目的。

四、仪器和药品

（一）仪器

显微镜	1台	滴定管(25mL)	1支
DDS-11A	1台	量筒(500mL)	1个
磁力搅拌器	1台	大试管	6支
磨口锥形瓶(100mL)	7个	烧杯(100mL)	3个

（二）药品

油酸钠溶液(1%)　椰子油　十二烷基硫酸钠溶液(1%)　煤油　明胶水溶液(1%)　石油醚　苏丹Ⅲ苯溶液(1%)　油酸　Span-80煤油溶液(1%)　三乙醇胺　羊毛脂煤油溶液(0.5%)　硼砂　Tween-20水溶液(1%)　蜂蜡　NaOH溶液(0.1mol·dm^{-3})　甲苯(分析纯)　饱和AlCl$_3$溶液　正丁醇(分析纯)

五、实验步骤

（一）乳状液的制备

1. 剂在水中法

（1）取1%油酸钠水溶液40mL于100mL磨口锥形瓶中，逐滴加入甲苯猛烈摇荡，每加2mL甲苯摇约半分钟，直到加入甲苯总量为8mL为止，观察每次加入甲苯和振荡后的情况，盖紧瓶塞，待用，此为乳状液Ⅰ。

（2）取1%十二烷基硫酸钠水溶液25mL于100mL磨口锥形瓶中，同（1）法逐渐加入甲苯摇荡，直到加入甲苯总量为5mL为止。观察现象，待用，此为乳状液Ⅱ。

2. 剂在油中法

（1）取1%Span-80煤油溶液25mL于100mL磨口锥形瓶中逐渐加入水猛摇动，每次加水1mL，直到水总量为5mL为止。观察现象，待用，此为乳状液Ⅲ。

（2）取0.5%羊毛脂煤油溶液25mL于100mL磨口锥形瓶中，同（1）逐渐加入水猛烈摇动，直到水总量为5mL为止。观察现象，待用，此为乳状液Ⅳ。

3. 界面生皂法

（1）取 0.1mol·dm^{-3} NaOH 水溶液 30mL 于 100mL 磨口锥形瓶中，加入 1~2mL 椰子油，摇动得稳定的乳状液 V。

（2）在 100mL 烧杯中放 0.8g 三乙醇胺和 25mL 水混合，在搅拌下将 0.8g 油酸和 11g 液体石蜡的混合液加入，1min 加完，继续搅拌 2min。

4. 高分子物质作稳定剂

（1）取 25mL1% 明胶水溶液于 100mL 磨口锥形瓶中，逐滴加入 5mL 煤油，猛烈摇动。

（2）取 25mL1% 明胶水溶液于 100mL 磨口锥形瓶中，逐滴加入 5mL 甲苯，猛烈摇动。

5. 混合乳化剂

取 20mL 石油醚，加入少许 Span-20 使其溶解，再加入 5mL0.1% 的 Tween-20 水溶液摇动之，观察。

6. 冷霜的制备

取 0.6g 硼砂溶解在 25mL 水中，另取 11g 蜂蜡溶于 25g 液体石蜡油中（需加热溶解）。当蜂蜡液尚未冷却时，在电动搅拌下将石蜡油的混合液滴入水相，冷却后即成。

上述制得的各乳状液均用下列（二）中最简便的一种方法鉴别其类型。

（二）乳状液类型的鉴别

1. 混合法。将一小滴乳状液放在载物玻璃片上，此与液滴并列着滴一滴水或非极性液（如苯），水滴和非极性液滴可以假定是分散介质。倾斜载物玻璃片，使两液滴接触，并观察两液滴是否合而为一。若液滴合而为一，则表示所取的液体是该乳状液的分散介质（外相）。

2. 染色法。选用一种能溶于非极性液体而不溶于水中的染料（如苏丹Ⅲ苯溶液），将染料滴在载物玻璃片上的乳浊层上。如果分散介质是油，则染料很快地溶解到包围着液滴的液体中去。如果分散相是油，则液滴染上了颜色，但需要猛烈摇荡后才能染上颜色。染色后，在显微镜下观察乳状液内外相的颜色。由此可以判断以上制得乳状液的类型。

3．电导法。对上述制得的乳状液各取 10mL，放入大试管中，测其电导率，若外相是水应有一定的电导，否则，电导值很小。

（三）乳状液的变型

采用电导法测定乳状液的变型。取乳状液 I 20mL 插入电导电极测其电导率，再向上述乳状液中加入一滴饱和 $AlCl_3$ 溶液，摇动后测电导率值。每加一滴测一次电导率，至电导率突然下降为止，再用染色法鉴定其类型。

（四）破乳

若乳状液赖以稳定的乳化剂受到破坏，或是被虽有表面活性但不能形成坚固的界面膜的物质从界面上顶替走。则乳状液的稳定性受到破坏，发生破乳。

分别在两支试管中各取 5mL 乳状液 V，一支试管中加入 5mL 浓盐酸，另一支试管中加入 2mL 正丁醇（或戊醇），摇动后，静置观察，解释实验结果。

六、实验记录和数据处理

对每一实验现象仔细观察，详细记录，并讨论之。

七、思考题

1．讨论决定乳状液稳定性的因素。

2．讨论决定乳状液类型的因素。

八、参考资料

1 贝歇尔著．乳状液的理论与实践．北京：科学出版社，1978

2 周祖康，顾惕人，马季铭．胶体化学基础．北京：北京大学出版社，1987

Ⅲ 附　　录

附录一　实验室安全知识

一、安全用电常识

（一）关于触电

人体通过 50 周的交流电 1mA 就有感觉，10mA 以上使肌肉强烈收缩，25mA 以上则呼吸困难，甚至停止呼吸，100mA 以上则使心脏的心室产生纤维性颤动，以致无法救活。直流电在通过同样电流的情况下，对人体也有相似的危害。

防止触电需注意：

（1）操作电器时，手必须干燥。因为手潮湿时，电阻显著减小，容易引起触电。不得直接接触绝缘不好的通电设备。

（2）一切电源裸露部分都应有绝缘装置（电开关应有绝缘匣，电线接头裹以胶布、胶管），所有电器设备的金属外壳应接上地线。

（3）已损坏的接头或绝缘不良的电线应及时更换。

（4）修理或安装电器设备时，必须先切断电源。

（5）不能用试电笔去试高压电。

（6）如果遇到有人触电，应首先切断电源，然后进行抢救。因此，应该清楚电源的总闸在什么地方？

（二）负荷及短路

物理化学实验室总电闸一般允许最大电流为 30～50A，超过时就会使保险丝熔断。一般实验台上分闸的最大允许电流为 15A。使用功率很大的仪器，应该事先计算电流量。应严格按照规定的安培数接保险丝，否则长期使用超过规定负荷的电流时，容易引起火灾或其他严重事故。

接保险丝时，应先拉断电闸，不能在带电时进行操作。为防止短路，避免导线间的摩擦，尽可能不使电线、电器受到水淋或浸在导电的液体中。例如，实验室中常用的加热器如电热刀或电灯泡的接口不能浸在水中。

若室内有大量的氢气、煤气等易燃、易爆气体时，应防止产生电火花，否则会引起火灾或爆炸。电火花经常在电器接触点（如插销）接触不良、继电器工作时以及开关电闸时发生，因此应注意室内通风；电线接头要接触良好，包扎牢固以消除电火花，在继电器上可以联一个电容器以减弱电火花等。万一着火则应首先拉开电闸，切断电路，再用一般方法灭火。如无法拉开电闸，则用砂土、干粉灭火器或CCl_4灭火器等灭火，决不能用水或泡沫灭火器来灭电火，因为它们导电。

（三）使用电器仪表

1. 注意仪器设备所要求的电源是交流电，还是直流电、三相电还是单相电，电压的大小（380V、220V、110V、6V 等），功率是否合适以及正负接头等。

2. 注意仪表的量程。待测数量必须与仪器的量程相适应，若待测量大小不清楚时，必须先从仪器的最大量程开始。例如某一毫安培计的量程为 7.5～3～1.5mA，应先接在 7.5mA 接头上，若灵敏不够，可逐次降到 3mA 或 1.5mA。

3. 线路安装完毕应检查无误。正式实验前不论对安装是否有充分把握（包括仪器量程是否合适），总是先使线路接通一瞬间，根据仪表指针摆动速度及方向加以判断，当确定无误后，才能正式进行实验。

4. 不进行测量时应断开线路或关闭电源，做到省电又延长仪器寿命。

二、使用化学药品的安全防护

（一）防毒

大多数化学药品都具有不同程度的毒性。毒物可以通过呼吸道、消化道和皮肤进入人体内。因此，防毒的关键是要尽快地杜绝和减少毒物进入人体的途径。

1. 实验前应了解所用药品的毒性、性能和防护措施。

2．操作有毒气体（如 H_2S、Cl_2、Br_2，NO_2、浓盐酸、氢氟酸等），应在通风橱中进行。

3．防止煤气管、煤气灯漏气，使用完煤气后一定要把煤气闸门关好。

4．苯、四氯化碳、乙醚、硝基苯等的蒸气会引起中毒，虽然它们都有特殊气味，但经常久吸后会使人嗅觉减弱，必须高度警惕。

5．用移液管移取有毒、有腐蚀性液体时（如苯、洗液等），严禁用嘴吸。

6．有些药品（如苯、有机溶剂、汞）能穿过皮肤进入体内，应避免直接与皮肤接触。

7．高汞盐［$HgCl_2$、$Hg(NO_3)_2$ 等］、可溶性钡盐（$BaCO_3$、$BaCl_2$）、重金属盐（镉盐、铅盐）以及氰化物、二氧化二砷等剧毒物，应妥善保管。

8．不得在实验室内喝水、抽烟、吃东西。饮食用具不得带到实验室内，以防毒物沾染。离开实验室时要洗净双手。

（二）防爆

可燃性的气体和空气的混合物，当两者的比例处于爆炸极限时，只要有一个适当的热源（如电火花）诱发，将引起爆炸。某些气体的爆炸极限见附录表 1。因此应尽量防止可燃性气体散失到室内空气中。同时保持室内通风良好，不使它们形成爆炸的混合气。在操作大量可燃性气体时，应严禁使用明火，严禁用可能产生电火花的电器以及防止铁器撞击产生火花等。

附录表 1　与空气相混合的某些气体的爆炸极限(20℃,101.325kPa)

气　体	爆炸高限(体积分数)/%	爆炸低限(体积分数)/%	气　体	爆炸高限(体积分数)/%	爆炸低限(体积分数)/%
氢	74.2	4.0	醋酸	—	4.1
乙烯	28.6	2.8	乙酸乙酯	11.4	2.2
乙炔	80.0	2.5	一氧化碳	74.2	12.5
苯	6.8	1.4	水煤气	72	7.0
乙醇	19.0	3.3	煤气	32	5.3
乙醚	36.5	1.9	氨	27.0	15.5
丙酮	12.8	2.6			

另外，有些化学药品如叠氮铅、乙炔银、乙炔铜、高氯酸盐、过

氧化物等受到震动或受热容易引起爆炸。特别应防止氧化剂与强还原剂存放在一起。久藏的乙醚使用前需设法除去其中可能产生的过氧化物。在操作可能发生爆炸的实验时，应有防爆措施。

（三）防火

物质燃烧需具备 3 个条件：可燃物质、氧气（或氧化剂）以及一定的温度。

许多有机溶剂像乙醚、丙酮、乙醇、苯、二硫化碳等很容易引起燃烧。使用这类有机溶剂时室内不应有明火（以及电火花、静电放电等）。这类药品实验室不可存放过多，用后要及时回收处理，切不要倒入下水道，以免积聚引起火灾等。还有些物质能自燃。如黄磷在空气中就能因氧化发生自行升温而燃烧。一些金属如铁、锌、铝等的粉末由于比表面很大，能激烈地进行氧化，自行燃烧。金属钠、钾、电石以及金属的氢化物、烷基化合物等也应注意存放和使用。

万一着火应冷静判断情况采取措施。可以采取隔绝氧的供应、降低燃烧物质的温度、将可燃烧物质与火焰隔离的办法。常用来灭火的有水、砂以及 CO_2 灭火器、CCl_4 灭火器、泡沫灭火器、干粉灭火器等，可根据着火原因，场所情况选用。

水是最常用的灭火物质，可以降低燃烧物质的温度，并且形成"水蒸气幕"能在相当长时间内防止空气接近燃烧物质。但是，应注意起火地点的具体情况：①有金属钠、钾、镁、铝粉、电石、过氧化钠等应采用干砂等灭火。②对易燃液体（密度比水轻）如汽油、苯、丙酮等的着火采用泡沫灭火剂更有效，因为泡沫比易燃液体轻，覆盖上面隔绝空气。③在有灼烧的金属或熔融物的地方着火应采用干砂或固体粉末灭火器（一般是在碳酸氢钠中加入相当于碳酸氢钠重量的 $45\% \sim 90\%$ 的细砂、硅藻土或滑石粉。也有其他配方）来灭火。④电气设备或带电系统着火，用二氧化碳灭火器或四氯化碳较合适。上述 4 种情况，均不能用水，因为有的可以生成氢气等使火势加大甚至引起爆炸；有的会发生触电等。同时也不能用四氯化碳灭碱土金属着火。另外，四氯化碳有毒，在室内救火时最好不用。灭火时不能慌乱，应防止在灭火过程中再打碎可燃物的容器。平时应知道各种灭火器材的使用和存放地点。

（四）防灼伤

强酸、强碱、强氧化剂、溴、磷、钠、钾、苯酚、冰醋酸等都会腐蚀皮肤，尤其应防止它们溅入眼内。液氮、干冰等低温也会严重灼伤皮肤。万一受伤要及时治疗。

（五）防水

有时因故停水而水门没有关闭，当来水后若实验室没有人，又遇排水不畅，则会发生事故。淋湿甚至浸泡仪器设备，有些试剂如金属钠、钾、金属氢化物、电石等遇水还会发生燃烧、爆炸等。因此，离开实验室前应检查水、电、煤气开关是否关好。

三、汞的安全使用

在常温下汞逸出蒸气，吸入体内会使人受到严重毒害。一般汞中毒可分急性与慢性两种。急性中毒多由高汞盐入口而得（如吞入 $HgCl_2$），普通在 $0.1 \sim 0.3g$ 则可致死；由汞蒸气而引起的慢性中毒，其症状为食欲不振、恶心、大便秘结、贫血、骨骼和关节疼痛、神经系统衰弱。引起以上症状的原因可能是由于汞离子与蛋白质起作用，生成不溶物，因而妨害生理机能。

汞蒸气的最大安全浓度为 $0.1mg \cdot m^{-3}$。而 $20℃$ 时汞的饱和蒸气压为 $0.1600Pa$（$0.0012mmHg$），比安全浓度大一百多倍。若在一个不通气的房间内，而又有汞直接露于空气时，就有可能使空气中汞蒸气超过安全浓度。所以必须严格遵守下列安全用汞的操作规定。

（1）汞不能直接露于空气之中，在装有汞的容器中应在汞面上加水或其他液体覆盖。

（2）一切倒汞操作，不论量多少一律在浅磁盘上进行（盘中装水）。在倾去汞上的水时，应先在磁盘上把水倒入烧坏，而后再把水由烧杯倒入水槽。

（3）装汞的仪器下面一律放置浅磁盘，使得在操作过程中偶然洒出的汞滴不至散落桌上或地面。

（4）实验操作前应检查仪器安放处或仪器连接处是否牢固，橡皮管或塑料管的连接处一律用铜线缚牢，以免在实验时脱落使汞流出。

（5）倾倒汞时一定要缓慢，不要用超过 250mL 的大烧杯盛汞，以免倾倒时溅出。

（6）储存汞的容器必须是结实的厚壁玻璃器皿或瓷器，以免由于汞本身的质量而使容器破裂。如用烧杯盛汞不得超过 30mL。

（7）若万一有汞掉在地上、桌上或水槽等地方，应尽可能地用吸汞管将汞珠收集起来，再用能成汞齐的金属片（如 Zn、Cu）在汞溅落处多次扫对。最后用硫磺粉覆盖在有汞溅落的地方，并摩擦之，使汞变为 HgS，亦可用 $KMnO_4$ 溶液使汞氧化。

（8）擦过汞齐或汞的滤纸或布块必须放在有水的瓷缸内。

（9）装有汞的仪器应避免受热，汞应放在远离热源之处。严禁将有汞的器具放入烘箱。

（10）用汞的实验室应有良好通风设备（特别要有通风口，在地面附近的下排风口），并最好与其他实验室分开，经常通风排气。

（11）手上有伤口，切勿触及汞。

附录二 气体钢瓶和减压器的使用技术

一、气体钢瓶

气体钢瓶用于存贮高压气体，是实验室常用的气源。实验室中常使用容积为 40L 左右的气体钢瓶。为标记和区分所贮存的气体，避免混淆，各类钢瓶都涂以一定的颜色，以示区别，附录表 2 为我国部分气体钢瓶常用的标记。

附录表 2　气体钢瓶常用标记

气体钢瓶名称	外表颜色	字样	字样颜色	横条颜色
氧气瓶	天蓝	氧	黑	—
氢气瓶	深绿	氢	红	红
氮气瓶	黑	氮	黄	棕
氩气瓶	棕	氩	白	—
压缩空气瓶	黑	压缩空气	白	—
氨气瓶	黄	氨	黑	—
氯气瓶	草绿	氯	白	白
二氧化碳气瓶	黑	二氧化碳	黄	—
石油气体瓶	灰	石油气体	红	—
乙炔气瓶	白	乙炔	红	

二、使用气体钢瓶的注意事项

1．搬运充满气体的钢瓶时，一定要用特殊的担架或小车，同时钢瓶上的安全帽应旋紧，以便保护阀门勿使其偶然旋转。将钢瓶移放时绝对不能用手持着阀门，亦不能在地上滚动，气瓶坠地及互相碰撞均能引起爆炸。

2．钢瓶应存放在阴凉、干燥、远离电源、热源（如阳光、暖气、炉火口）的地方，并将其固定在稳固的支架、实验桌或墙壁上。氧气瓶和氢气瓶不可存放在一个实验内。

3．使用钢瓶中的气体时，都要装减压器。可燃气体钢瓶的阀门侧面接头（支管）上的连接螺纹为左旋，非可燃气体钢瓶则为右旋。各种减压器不得混用，以防爆炸。

4．开启阀门时，操作者必须站在侧面，即站在与钢瓶接口处呈垂直方向位置上，以防万一阀门或气压表冲出伤人。

5．氧气瓶、可燃性气体钢瓶与明火的距离应不小于10m（确实难以达到时，在采取可靠的防护措施后，方可适当缩短距离）。

6．氢气瓶最好放在远离实验室的小屋内，用导管引入（千万要防止漏气）。并应加装防止回火的装置。

7．氧气瓶及其专用工具严禁与油类接触，操作人员也绝对不能穿用沾有各种油脂或油污的工作服、手套，以免引起燃烧。

8．开氧气瓶总阀门之前，必须首先检查氧气表调压阀门是否处于关闭（调节螺杆旋到最松）状态。

9．钢瓶内的气体不应全部用尽，剩余残压一般不应少于几个 10^5 Pa，以示核对气体和防止其他气体进入。

10．为了保证安全，各种气体钢瓶必须定期地送至指定部门进行技术检查。充装一般气体的钢瓶，至少每三年检查一次；充满腐蚀性气体的钢瓶，至少每两年检查一次；如果对气瓶质量有怀疑，应该提前进行检查。

三、减压器

贮存在高压钢瓶内的气体，在使用时要通过减压器，使其压力降至实验所需范围且保持稳压。减压器按构造和作用原理分为杠杆式和弹簧式两类，弹簧式又分为反作用和正作用两种，现以反作用弹簧式的氧气减压器（又称氧气表）为例作如下介绍。

（一）氧气减压器（氧气表）的工作原理

氧气减压器的工作原理可由附录图1说明，进气口与钢瓶连接，出气口通往使用系统，高压表11（总压表）所示为进口的高压气体的压力，低压表12（分压表）所示为出口的工作气体的压力。工作时，高压气体经过管接头2进入减压器的高压气室1，再进入装有薄膜4的低压气室3内，高压气体通过减压阀门5的开口时，其能量消耗于克服阀门的阻力，因而压力降低，回动弹簧6从上面压到阀门上，而调节弹簧8从下面通过支杆7压到阀门上，因而弹簧对薄膜和支杆的压力，以及阀门的上升量，都可以用调节螺杆9来调节，如果通过减压器的气体消耗量减少，那么气室内上的压力就会升高，薄膜向下移动，压缩弹簧，于是阀门接近

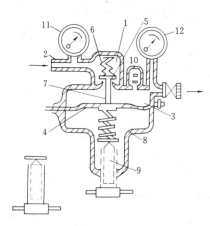

附录图1　氧气表

1—高压气室；2—管接头；3—低压气室；
4—薄膜；5—减压阀门；6—回动弹簧；
7—支杆；8—调节弹簧；9—调节螺杆；
10—安全阀门；11—高压表；12—低压表

座孔，使进入气室内的气体减少；在气室内的压力没有降低及作用在薄膜与阀门上的压力没有恢复平衡时，这个动作一直在进行着。当放出的气体增多时，气室里的压力降低，在弹簧的作用下使阀门的上升量增加，于是通过阀门放入的气体增加。减压器有安全阀门10来保护薄膜。当工作室内的气体压力万一增加到不允许的高度时，安全阀门会自动打开排气。

（二）氧气减压器（氧气表）的使用

氧气表的外形如附录图2所示，使用前，先将氧气表进口和钢瓶8连接，出口通过紫铜管和使用系统连接，连接时应首先检查连接螺

纹是否无损，然后用手拧满螺纹，再用扳手上紧。将减压阀门4关闭（按逆时针方向旋转），然后打开钢瓶上的总阀门1（按逆时针方向旋转），用肥皂水检查氧气表和钢瓶接口处是否漏气，如无漏气，即可将减压阀门4打开（按顺时针方向慢慢旋紧）往使用系统进气，直到分压力表5达到所需压力为止。使用完毕，先将总阀门1关闭（按顺时针方向旋紧），再关闭减压阀门4，松开紫铜管与使用系统的接头，放去紫铜管内及低压气室内的余气，分压力表5指示即下降到零，然后再打开减压阀门4，放掉高压气室内的余气，总压力表3指示即下降到零，最后关闭减压阀门4。必须指出，如果最后减压阀门4没有关闭（旋到最松位置），就会在下次打开总阀门1时，因高压气流的冲击而发生事故。

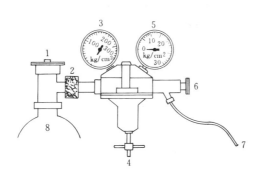

附录图2　氧气表外形

1—总阀门；2—氧气表钢瓶的连接螺帽；3—总压力表；4—减压阀门；
5—分压力表；6—供气阀门；7—接氧弹的进气口螺帽；8—氧气钢瓶

附录三　水银温度计和贝克曼温度计

一、水银温度计

水银温度计是最常用的测温仪器，其优点是：

1.在测温范围内汞的膨胀系数随温度变化有较好的线性关系，所以等间隔分度误差较小。

2. 测量范围宽（汞的凝固点 -38.7℃，沸点 356.7℃），若在汞中掺入 8.5% 铊，可量至 -60℃。用特硬或石英玻璃作管壁，且充以惰性气体，最高温度可测至 750℃。

3. 汞对玻璃不润湿，故读数准确，又结构简单，规格多样。

水银温度计的缺点是读数易受许多因素影响而造成误差，在精确测量中必须加以校正。下面就这两方面进行讨论。

（一）水银温度计的读数误差

1. 水银膨胀不均匀，此项校正较小，一般情况下可忽略不计。

2. 玻球体积的改变：一支精密温度计，每隔一段时间一定要作定点校正，以作为温度计本身的误差。

3. 压力效应：对于直径 5~7mm 的水银球压力系数的数量级为每 101.325kPa 约 0.1℃。

4. 露出误差：温度计按其分度条件不同分为全浸式和局浸式两种。前者是温度计在刻度时将温度计全部浸于介质中与标准温度计比较来分度的，后者在分度时只浸到水银球上某一位置。其余部分暴露在空气中，显然如果一支温度计原是全浸式，但在使用时并未完全浸没，则由于器外温度与被测体系温度不同，必然会产生误差。

5. 其他因素引起误差：如滞后现象（温度计中汞柱移动总落后于被测物的温度变化）、辐射、刻度不均匀、水银附着以及毛细现象等引起的误差。

（二）水银温度计的校正

1. 仪器本身的刻度较正。只需把标准温度计与待校温度计放在恒温槽内，同浸到毛细管顶部，从标准温度计的读数，加上标准温度计本身的校正值，即为正确温度，例如标准温度计的读数 80.05℃，校正值为 -0.02℃，则正确温度为 80.03℃，设待校温度计为 79.91℃，与正确值相差 +0.12℃，此值就是这支被校温度计在 80℃左右的校正值。

2. 露出校正。如果将全浸式温度计的水银球浸入被测介质中，让玻璃毛细管部分露出，则读数准确性将受两方面影响，一是露出部分的水银和玻璃的温度不同于浸入部分，且随环境温度而变，因而膨胀情况不同；二是露出部分的长短不同受到的影响也不同，为了保证示值的准确，校正温度计时常将玻璃杆浸入待测介质中，只露出很小一段水银柱，一般不超过 10mm，以便读数，这样的校正方式称为全浸式校正，但实际使用不便，故应对露出部分引起的误差进行校正，其公式为：

$$露出校正值 = K \cdot n \ (t_{观} - t_{环})$$

式中　　K——水银对玻璃的相对膨胀系数，为 0.00016；

　　　　n——露出部分的温度度数；

　　　$t_{观}$——温度计的指示值；

　　　$t_{环}$——露出水银柱的平均温度（将辅助温度计的水银球贴近露出水银柱的中部测出，如附录图 3）。

一般情况下所得的水银温度计读数进行示值校正及露出校正即可。

实际温度 = 温度计指示值（读数）＋示值校正值＋露出校正值

使用局浸式温度计可不必进行露出校正，只要把温度计中靠近水银球处的刻线以下浸入被测介质中，将所示温度进行示值校正。

（三）使用时注意事项

1. 根据测量系统要求，选择不同量程、不同精度的温度计。

2. 根据需要对温度计进行各种校正。

3. 温度计插入体系后，待体系温度与温度计之间热传导达平衡后，进行读数。

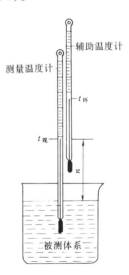

附录图 3　露出校正

二、贝克曼温度计

（一）构造及其特点

贝克曼（Beckmann）温度计是水银温度计的一种，见附录图 4，图中 A 为毛细管末端；B 为水银球；C 为毛细管；H 为最高刻度；R

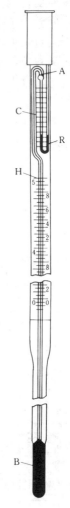

附录图4　贝克曼
温度计

为汞储器。它的特点是：①测量精度高；②只能测量温度的变化值，而不能测量温度的绝对值；③测温范围可以调节。

这些特点是由其特殊结构决定的。温度计上的标度通常只有 5℃，每一度约长 5cm，中间分成100 等分，故可以直接读出 0.01℃，如果用放大镜观察，可以估计到 0.002℃。在温度计上端有一 U形汞储器，通过毛细管与底部水银球相连。借此可以调节水银球中的汞量，使在所测定的温度范围内的温差都能在 0～5 的刻度范围内指示出来。在汞储器背后的温度标度表示了该温度计使用的温度范围（如 -20～120℃）。所以尽管贝克曼温度计只有5 度刻度，却可以精密地量出很宽的温度范围内不超过 5℃ 的温度变化。因此，该温度计广泛使用于量热实验以及如溶液凝固点下降、沸点上升等需要测微小温度差的场合。

（二）调节方法

调节的原则如下：首先将温度计倒持，使水银球中的水银和汞储器中的水银在毛细管尖 A 处相接（如附录图 5）。然后利用水银的重力或热胀冷缩原理使水银从水银球转移到汞储器或从汞储器转移到水银球，到适当时候使毛细管与汞储器相接的水银在毛细管尖 R 处断开，在汞储器 R 背后的小刻度板，就是为指示调节水银量而设置的。

例如，若要调节贝克曼温度计使之在 20℃ 介质中水银柱于刻度2～4 之间。第一步先将温度计倒持，使水银球中的水银流向毛细管尖，与汞储器中的水银相接。相接后看汞储器中的汞面在小刻度板上何处，这里有以下两种情况。

1. 如果在大于20℃地方，表明汞储器中汞太多，需将水银引向

水银球。此时可将温度计正立浸在冷水中，水银
从汞储器流向水银球。待流到汞储器中的水银面
在小刻度板 20℃ 处时迅速将温度计取出，用右手
直持温度计约 1/2 处并用左手向右手腕轻轻一扣，
见附录图 6，水银即在毛细管尖处断开。这时如
果将温度计浸入 20℃ 水中，水银面就在刻度 2～4
之间。

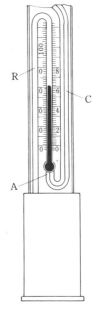

2. 如果在小于 20℃ 地方，表示汞储器中汞太
少，需设法将水银从水银球转移一部分到汞储器
中，此时可继续倒持温度计用手微热水银球。使
水银不断流向汞储器，当达到小刻度板上 20℃ 处
时，迅速将温度计直立，如附录图 6 所示，把毛
细管尖处的水银断开。

如果希望在被测温度下指示的水银面能靠下
一点如 1～2 之间，则调节时应使水银球中水银少
一点，依此类推。这里要指出的是，上下两个刻
度板虽然有大小，但每 1℃ 所含的水银量是相
同的。

附录图 5　倒转温度
计使 R 中之水银和
毛细管中水银相接

(三) 注意事项

1. 贝克曼温度计调节好后，应直立放置，平
放时应将上部垫高，以免水银球和汞储器中的水银相接。

附录图 6　扣断
水银柱操作

2. 调节时需十分小心，扣断水银柱时需垂直
拿着，振动不要过猛，以免损坏。

3. 如温度计用于低温度变化的测量，在调节
时要用冰水，方能使汞储器中的水银下流到所需
的刻度。

4. 使用放大镜读数时，必须保持镜面与汞柱
面平行，并使汞柱与水银弯月面处于放大镜中心。
观察者的眼睛必须保持正确的高度，使读数处的
标线看起来是直线。

附录四 福廷式气压计

测定大气压力的仪器称为气压计。大气压力是用水银柱与大气压力相平衡时汞柱高来表示，并规定在海平面、纬度 45°及温度为 0℃时的大气压力 101.325kPa（760mmHg）为标准大气压。

用汞柱高来表示大气压力虽很方便，但外界条件对汞柱高的计量有一定的影响，因此须把汞柱高的计量一律校正到标准状况。

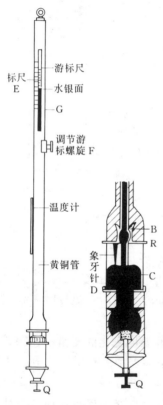

气压计的种类很多，实验室中最常用的是福廷（Fortin）式，其构造如附录图 7 所示。

一、构造

福廷式气压计的外部是一黄铜管，其内是一盛汞的玻璃管，管顶封闭抽成真空，开口的一端向下插入水银槽 C 中，铜管上部刻有标尺 E，并在相对两边开有长方式窗孔，以观察水银面的高低，窗孔内有一可上下滑动的游标 G，转动游标螺旋 F 可调节游标上下移动，水银槽的底部用一羚羊皮袋封住，由螺丝 Q 支持，转动 Q 可以调节槽内水银面，水银槽之上有一倒置的象牙针 D，其针尖即为标尺零点，又称标准基点，转动 Q 即可调节槽内水银面与 D 针尖接触或分开。

二、使用方法

1. 首先从气压计所附的温度计上读取温度。

2. 旋动 Q，调节槽 C 之水银面与象牙针 D 的尖端刚好接触。

附录图 7　福廷式气压计

3. 转动 F 使游标 G 高出管内水银面少许，然后慢慢落下游标，让游标的底边与游标后金属片的底边同时与水银面凸面顶端相切,这时观察者的眼睛和游标尺前后的两个下沿边应在同一水平面。

4. 读取汞柱高度,读取方法如下。

气压计标尺上一小格为 133.322Pa（1mmHg）,如要精确读出 133.322Pa 以下的气压值,就需使用游标,游标的刻度共有 20 小格,相当于标尺 E 上一个小格的数值,故游标上一个小格为 $\frac{1}{20}$ = 0.05mmHg[1]。在从标尺 E 上读出大气压的整数部分处,再从游标尺上找同一根刻线恰好与标尺 E 某一刻线相吻合（在预先调好游标零线与水银面相切情况下）,此游标刻线上的数值即为毫米后的小数部分。例如游标零线指在 756.00mm 与 757.00mm 之间,这时从游标中找出某一根刻线与标尺的刻线恰好重合,若第十小格的刻线正好重合,则气压值 = 756.00 + 10×0.05 = 756.50mmHg。

5. 最后根据校正表对所测值进行仪器校正及温度校正。

三、读数校正

当气压计的汞柱与大气压力平衡时,则 $p_{大气} = g \cdot \rho \cdot h$,但汞的密度 ρ 与温度有关,重力加速度 g 则随测量地点不同而异,因此用汞柱高度 h 来表示大气压时,规定温度为 0℃、重力加速度 g = 9.80665m/s^{-2} 条件下的汞柱为标准,此时汞的密度 ρ 为 13.595g/cm^{-3},所以不符合上述规定所读得的汞柱高度,除了要进行仪器误差校正外,在精密工作中还必须进行温度、纬度和海拔高度的校正。

（一）仪器误差校正

由于仪器本身不够精确所引起,每一个气压计在出厂时都附有校正卡片,可根据卡片对读数进行校正。

（二）温度校正

由于温度改变水银密度亦随之改变,而且水银的膨胀系数大于黄铜标尺的膨胀系数,因此当测量温度高于 0℃ 时,应从所读气压值中减去校正值,若低于 0℃ 时,则应加上校正值,温度校正值为:

---

[1] 1mmHg = 133.322Pa,下同。

$$p_0 = \frac{1 + \beta t}{1 + \omega t}\, p = p - p\,\frac{\omega t - \beta t}{1 + \omega t}$$

式中　p——气压计读数；

　　　p_0——将读数校正到0℃后的数值；

　　　t——气压计的温度，℃；

　　　ω——水银在0~35℃间平均体膨胀系数，$\omega = 0.0001818$；

　　　β——黄铜的线膨胀系数，$\beta = 0.0000184$。

（三）重力校正

由于重力加速度随海拔高度 H 和纬度 i 而改变，即气压计读数受 H 和 i 影响，经温度校正后的数值再乘以（$1 - 2.6 \times 10^{-3}\cos 2i - 3.1 \times 10^{-7}H$）。

因校正后数值很小，一般实验中可不考虑此项校正。

四、使用注意事项

1. 在旋转 Q 调节水银面时，动作要缓慢、轻微，在调好水银面后，应稍等半分钟，待象牙针尖与水银面接触情况确无变动时，再继续下一步操作。

2. 在旋转 Q 使水银柱上升时，往往会使水银柱凸面过于突出。反之，下降时则会使水银柱凸面突出得少些，两种情况都会影响气压计读数的正确，因此在调好 Q 后，用手指轻轻弹动黄铜外管的上部，使水银柱的凸面正常，然后读数。

3. 在旋转 F 使游标 G 与水银柱凸面相切时，必须使眼睛与游标及游标后之金属片底边三者在一直线上，然后观察与水银柱凸面相切。

4. 注意在进行 1、2、3 步骤前应调整气压计在垂直位置上，然后再进行 1、2、3 步骤的调整。

附录五　UJ-25型高电势直流电位差计

UJ-25 型高电势电位差计，可直接用来测量直流电势，当配用标准电阻时，还可以测量直流电流、电阻以及校验功率表。以下介绍电位差计测定电动势的原理和方法。

一、电位差计作用原理

电位差计根据对消法原理，使被测电动势与标准电动势相比较，其基本原理线路如附录图8所示。

在线路图中，E_N 是标准电池，它的电动势是已经精确知道的。E_X 为被测电动势，G 是灵敏检流计，用来作示零仪表。R_N 为标准电池的补偿电阻，其大小是根据工作电流来选择的。R 是被测电动势补偿电阻，它由已经知道的电阻值的各进位盘组成，因此，通过它可以调节不同的电阻数值使其电位降与 E_X 相对消。r 是调节工作电流的变阻器，E 为工作电源，K 为转换开关。

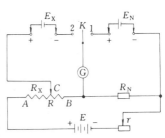

附录图8　UJ-25型电位差计基本原理图

下面以附录图8说明对未知电动势 E_X 的测量过程。

先将开关 K 合在1的位置上，然后调节 r，使检流计 G 指示到零点，这时有下列关系：

$$E_N = IR_N$$

式中　I——流过 R_N 和 R 上的电流，称为电位差计的工作电流；

E_N——标准电池的电动势。

由上式可得

$$I = E_N/R_N$$

工作电流调好后，将转换开关 K 合至2的位置上，同时移动滑线电阻触头 C，再将检流计 G 指到零，此时滑动触头 C 在可调电阻 R 上的电阻值设为 R_X，则

$$E_X = IR_X$$

因为此时的工作电流 I 就是前面所调节的数值，因此有

$$E_X = \frac{E_N}{R_N R_X}$$

所以当标准电池电动势 E_N 和标准电池电动势的补偿电阻 R_N 的数值确定时，只要正确读出 R_X 的值，就能正确测出未知电动势 E_X。

二、电位差计测量电动势的方法

如附录图 9 所示，在 UJ-25 型电位差计板面上方有 13 个旋钮，供接"电池"、"标准电池"、"电计"、"未知"、"泄漏屏蔽"、"静电屏蔽"之用。左下方有"标准"、"未知"、"断"转换开关和"粗"、"中"、"细" 3 个电计按钮，右下方有"粗"、"中"、"细"、"微" 4 个工作电流调节按钮，在其上方是 2 个标准电池电动势温度补偿旋钮，面板左面 6 个大旋钮，其下都有一个小窗孔。被测电动势值由此示出。

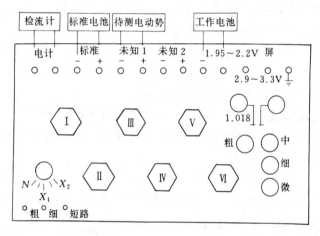

附录图 9 UJ-25 型电位差计板面图

使用 UJ-25 型电位差计测定电动势，可按附录图 9 线路连接，电位差计使用时都配用灵敏检流计和标准电池以及工作电源（低压稳压直流电源或二节一号干电池，亦可用蓄电池）。

UJ-25 型电位差计测量电动势的范围其上限为 600V，下限为 0.000001V，但当测量高于 1.911110V 以上的电压时，必须配用分压箱来提高测量上限。

现在说明测量 1.911110V 以下电压的方法。

（1）在电位差计使用前，首先将"标准"、"未知"、"断"转换开关放在"断"位置，并将左下方 3 个电计按钮全部松开，然后将电池电源、待测电池和标准电池按正负极接在相应端钮上，并接上检流计。

（2）调节标准电池电动势温度补偿旋钮，使其读数与标准电池的电动势值一致。注意标准电池的电动势值受温度的影响发生变动，例如常用的镉汞标准电池，调整前可根据下式计算出标准电池电动势的标准数值。

$$E_t = E_{20}\{1 - 4.06 \times 10^{-5}(t - 20) - 9.5 \times 10^{-7}(t - 20)^2\}$$

式中　E_t——t℃的标准电池的电动势；

　　　t——测量时室内环境温度，℃；

　　　E_{20}——标准电池在20℃时的电动势值。

（3）将"标准"、"未知"转换开关放在"标准"位置上，按下"粗"按钮，调节工作电流，使检流计示零，然后再按下"细"按钮，再调节工作电流，使检流计示零。此时电位差计的工作电流调整完毕，接着可以进行未知电动势的测量。

（4）松开全部按钮，将转换开关放在"未知"的位置上，调节各测量十进盘，首先在粗按钮按下时使检流计示零，然后细调至检流计示零。

（5）6个大旋钮下方小孔示数的总和即是被测电池的电动势值。

测定时应注意：①在测量过程中若出现检流计受到冲击时，应迅速按下"短路"按钮，以保护灵敏检流计。②在测量过程中应经常校核工作电流是否正确。

附录六　电 导 率 仪

DDS-11A 型电导率仪是测量液体电导率的仪器，目前使用较广泛，该仪器除了能满足实验室和工厂一般液体电导率的测量，还能进行水质的连续监测。另外，应用该仪器还能进行电导分析和其他化学反应的动力学研究，除此之外，它还具有 0～10mV 的信号输出，配上自动记录装置可以连续记录测量结果。

一、仪器的测量原理

此电导率仪的测量原理完全不同于交流电桥测量法，它是一种基于"电阻分压"原理的不平衡测量方法。如附录图 10 所示，由振荡器产生一个稳定的低频标准电压信号 e，由电导池 R_x 和测量电阻箱 R_m 组成分压回路，产生测量电流 i_x。

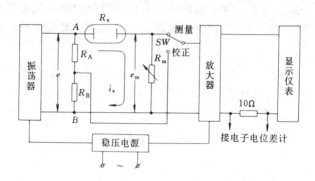

附录图 10　电导率仪测量原理

根据欧姆定律

$$i_x = \frac{e}{R_x + R_m}$$

由于 e、R_m 在测量过程中恒定不变，若当 $R_m \ll R_x$ 时，即有

$$i_x \propto 1/R_x \tag{1}$$

再由电阻定律，在一定温度下，溶液的电阻为：

$$R_x = \rho \cdot \frac{L}{A} \ (\Omega)$$

式中　　ρ——电阻率，$\Omega \cdot cm$。

那么溶液的电导

$$G = \frac{1}{R_x} = \frac{1}{\rho} \cdot \frac{A}{L} \ (S) \tag{2}$$

令式中　溶液电导率（$S \cdot cm^{-1}$）为 $\kappa = \dfrac{1}{\rho}$

电极常数（cm）为 $K = \dfrac{A}{L}$

则　　　　　　　　　　$G = K \cdot \kappa$ \hfill (3)

由式（1）、式（2）可以推出　　$i_x \propto G$

对于给定电极来说，电极常数是已知的，所以

$$i_x \propto \kappa \tag{4}$$

由式（4）可以看出，测量电流 i_x 的大小正比于溶液的电导率 κ，从而把测量溶液电导率 κ 变换为电流 i_x 的测量。

当电流 i_x 流过 R_m 时，即在 R_m 上产生电位差 $e_m = R_m \cdot i_x$。在测量过程中，测量电阻箱 R_m 一经设定后是固定不变的，所以 $e_m \propto i_x$。

再由放大单元将 e_m 进行线性放大，通过仪表显示出来，由于 κ、i_x、e_m 一直到显示仪表的刻度，它们之间都呈线性正比关系，因此，仪表刻度读数可以直接用电导率值来表示。

二、仪器的使用

DDS-11A 型电导率仪的板面图如附录图 11 所示，首先估计待测液体的电导率范围，根据附录表 3 来选用合适的电极，若无法估计液体的电导率范围，可预先任选一种电极（一般选用 DJS-1 型铂黑电极）粗测液体的电导率。再由表来确定电极，铂黑电极在使用前必须用蒸馏水浸泡数小时，以防止铂黑电极的钝化，光亮电极可用 10% 硝酸溶液或盐酸溶液浸洗。

仪器在未开电源开关以前，调整表头机械零点，将高、低周选择开关扳在所需的频率上，校正、测量开关扳到"校正"。再将电极插头插入电极插口，并使电极浸入待测液体里，最后打开电源开关预热数分钟后，把电极常数旋钮调节在与所用的电极常数相对应的位置上。调节校正调节器旋钮使表头指示正好满度。此后，将校正、测量开关扳向"测量"，这时表头指示读数乘以量程选择开关的倍率，即为被测液体的实际电导率。

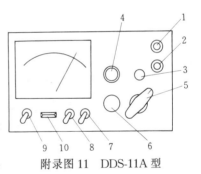

附录图 11 DDS-11A 型
电导率仪板面示意图

1—10mV 输出插口；2—电极插口；
3—电容被偿调节器；4—电极常数调节器；
5—量程选择开关；6—样正调节器；
7—校正、测量选择开关；8—高、底周选择开关；9—电源开关；10—电源指示灯

若被测液体的电导率大于 $10^4 \mu S \cdot cm^{-1}$，用 DJS-1 铂黑电极测量不出来，应用 DJS-10 铂黑电极，该电极常数在 10 左右，使用中应把

电极常数选择开关调节在与所用电极常数的 1/10 位置上，最后再将测量结果乘以 10，即为被测液体的电导率。

附录表 3　测量范围和配用电极

电　极　型　号	测　量　范　围		测量频率
	电导率/(μS·cm^{-1})	电阻率/(Ω·cm)	
DJS-1(光亮)	0～0.1	∞～10^7	低周
DJS-1(光亮)	0～0.3	∞～3.33×10^6	低周
DJS-1(光亮)	0～1	∞～10^6	低周
DJS-1(光亮)	0～3	∞～3.33×10^5	低周
DJS-1(光亮)	0～10	∞～10^5	低周
DJS-1(铂黑)	0～30	∞～3.33×10^4	低周
DJS-1(铂黑)	0～10^2	∞～10^4	低周
DJS-1(铂黑)	0～3×10^2	∞～3.33×10^3	低周
DJS-1(铂黑)	0～10^3	∞～10^3	高周
DJS-1(铂黑)	0～3×10^3	∞～3.33×10^2	高周
DJS-1(铂黑)	0～10^4	∞～100	高周
DJS-10(铂黑)	0～10^5	∞～10	高周

附录七　恒 电 势 仪

晶体管恒电势仪具有阴阳极极化连续、输入阻抗高、输出电阻低、抗干扰能力强、频率响应宽和电势调节精度高等特点，它配以直流示波器和 X、Y 记录仪，可作多种静态和动态实验，适用于电极过程动力学、电分析、电解、电镀、金属相分析、金属腐蚀与测试实验，是科研单位、高等院校及有关部门电化学实验的重要仪器。

一、工作原理

在电化学测量中，恒电势仪的使用极为广泛，它的作用是自动调节流经工作电极的电流而使工作电极的电极电势恒定，其板面图如附录图 12 所示，极化电流流过标准取样电阻，产生电压降，过电压降与"恒电势给定"比较后，经高度大倍数放大器推动极化电流，使得极化电势恒定，由于本仪器的标准取样电阻与表头的分流电阻是公共的，同时作为补偿电阻，因此，工作电极的电极电势可以借调节补偿电阻而恒定在任一给定电势。

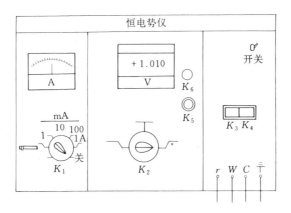

附录图 12　恒电势仪板面图

二、使用方法

1. 准备工作：仪器面板的"研究"接线柱由两根导线接电解池的工作电极，其中"研究"接线柱到工作电极的接线截面积不得小于 $1mm^2$。仪器面板的"参比"接线柱接在电解池参比电极，仪器面板"辅助"接线柱接电解池辅助电极。

通电前，电势量程 K_2 置"$-3\sim+3V$"档。"补偿衰减" K_5 置"0"，"补偿增益" W_4 置"1"。

2. 恒电势极化测定："工作选择" K_1 置于"恒电势"，"电源开关" K_6 置"自然"档，指示灯亮，预热 15min，"电势测量选择" K_2 置"调零"，旋转"调零"电势器，使电势表指零。

"电势测量选择"置于参比时，电势表指示的电势为"工作电极"，相对于"参比电极"的稳定电势。

"电势测量选择"置于"给定"，电势表指示的是给定电势，调节"恒电势粗调"和"恒电势细调"旋钮使给定电势等于自然电势，将"电源开关"置于"极化"档，仪器进入恒电势极化工作状态，调节"恒电势粗调"和"恒电势细调"可进行恒电势极化实验。

实验完成后，"电源开关"置于"自然"。

三、注意事项

1. 要改换"工作选择"，应先把电源开关拨到"自然"，待"工作选择"改变后,再拨到"极化"。

2. 做恒电势实验前,电流表量程应放在最大。

3. 做恒电流实验前,电流表量程应放在最小。

附录八　pHS-3C型数字式酸度计

pHS-3C型酸度计是利用pH电极和甘汞电极对被测溶液中不同的酸度产生的直流电位,通过前置pH放大器输到A/D转换器,以达到pH值数字显示目的。同样,在配上适当的离子选择电极作电位滴定分析时,以达到终点电位的显示目的。

一、仪器的使用方法

(一) 使用前的准备

仪器配有231型玻璃电极和232型甘汞电极,将玻璃电极夹在电极夹上,全部插入"选择电极"的插孔内,用小螺丝固定好,以免引起屏蔽不良;甘汞电极夹在电极夹上,其引线与"甘汞电极"接头接通。pHS-3C型酸度计面板图如附录图13所示。

开启电源开关,按下"pH"或"mV"按键,预热30min即可。

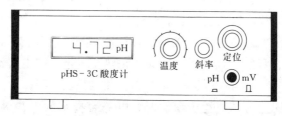

附录图13　pHS-3C型酸度计面板图

(二) 仪器标定

1. 拔出测量电极插头,按下"mV"按键。

2. 调节"零点"电位器使仪器读数应在±0之间。

3. 插上电极,按下"pH"按键,斜率调节器调节在100%位置。

4. 先把电极用蒸馏水清洗,然后把电极插在一已知pH值的缓冲溶液中(如pH=4),调节"温度"调节器使所指示的温度相同,开动搅拌器将溶液搅拌使之均匀。

5. 调节"定位"调节器使仪器读数为该缓冲溶液的 pH 值（如 pH＝4）。

仪器的标定已告完成，经标定的仪器，"定位"电位器不应再有变动。不用时电极的球泡最好浸在蒸馏水中，在一般情况下 24h 之内仪器不需再标定。

（三）溶液 pH 值的测量

1. "定位"保持不变。

2. 将电极夹向上移出，用蒸馏水清洗电极头部，并用滤纸吸干。

3. 把电极插在被测溶液之内，将溶液搅拌均匀后，读出该溶液的 pH 值。

二、注意事项

1. 接通酸度计后，需预热 30min 后方可测定。

2. 玻璃电极在使用前，应事先把球泡浸在蒸馏水中 24h，以稳定其不对称电位。

3. 甘汞电极在使用时应注意氯化钾溶液浸没内部小玻璃管的下口，且在弯管内不许有气泡将溶液隔断，使用时应把上面的小橡皮塞拔去，以保持足够的液位压差，以防被测液体流入电极内，电极不用时，可用橡皮套将下端毛细孔套住。

邻苯二甲酸氢钾缓冲溶液 pH 值与温度的关系如附录表 4 所示。

附录表 4　邻苯二甲酸氢钾缓冲溶液 pH 值与温度的关系

温度℃	0	5	10	15	20	25	30	35	40	45
pH 值	4.01	4.01	4.00	4.00	4.00	4.01	4.01	4.02	4.03	4.04

附录九　PXJ-1B 数字式离子计

PXJ-1B 数字式离子计可以用作毫伏计，pH 计或直接测定离子活度的负对数值。当用于电势值的测量时，在"mV"档进行，其范围为 ±999.9mV，使用方法如下。

（一）调零

1. 接通电源（至少应预热 30min），连续测量时，中途不应关闭电源。若因故中途关机，重新开机后仍需预热 30min，以保证精度。

2. 将选择键的"mV"琴键揿下，"测量"按键处于松开位置，"等电势调节"置于"断"，调节斜率旋钮，定位旋钮、温度拨盘开关均置任意位置。

3. 调节调零旋钮，使数字稳定显示为"＋0.000mV"或"－0.000mV"。

（二）测量

1. 将离子选择电极插入选择电极插孔，拧紧固定螺丝，将参比电极接在参比电极线柱上，拧紧。

2. 将电极插入溶液（启动磁力搅拌器），揿下"测量"按键，显示的数字即为所测量的电势毫伏值。首位为电势的符号，如显示"＋140.4mV"，为正 140.4mV；"－263.5mV"为负 263.5mV 等。

（三）注意事项

测量过程中，需要更换测试溶液或更换电极时，必须松开"测量"按键方可进行，否则极易损坏仪器，测量结束时应松开"测量"按键，取下电极，关闭电源开关。

附录十　显　微　镜

一、显微镜成像原理

显微镜主要由物镜及目镜组成。目镜及物镜由许多个透镜组成，每组透镜的作用只相当于一个凸透镜。对着物体的一组透镜叫物镜，对着眼睛的一组叫目镜。如果物体 AB 放在凸透镜一倍焦距到两倍焦距之间的某一位置，则在透镜另一侧得到一个倒立的比原物体大的实像 A_1B_1。

物镜所成的实像 A_1B_1 正好在显微镜目镜的焦点以内，在透镜的同侧比物体稍近的地方将形成一个放大的正立着的虚像 A_2B_2，这就是目镜的成像。成像光路如附录图 14 所示。

物镜的作用是将样品作第一次放大，而目镜则将第一次放大的像作第二次放大，所以，显微镜的放大倍数等于物镜与目镜放大倍数的乘积，普通显微镜的最高放大倍数约为 1500 倍。

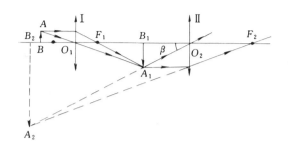

附录图14　显微镜成像光路图

二、基本结构

显微镜的光学系统如附录图15所示。

三、使用方法

1．根据放大倍数的需要，选择适当的物镜与目镜。

2．调节好聚光器和反射镜的角度，使视野明亮。

3．将载物片放在载物台上，调节粗调旋钮，使初步看到样品，再调细调旋钮至物像清晰。

四、注意事项

1．切记勿将调节旋钮方向拧错，致使镜头压到载片上，损坏镜头及样品。因此最好先将镜筒小心地调至最低（可以侧面观察），然后逐渐升高镜头，至得到清晰的像。

2．需要高倍放大的样品，为提高分辨率，可使用油镜头。

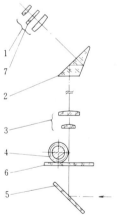

附录图15　显微镜光学系统
1—目镜；2—棱镜；3—物镜；
4—被测物；5—反光镜；
6—测量工作台；7—分划板

（1）将物镜头升高，取下载物片，在聚光器上滴2～3滴香柏油，然后放上载物片，使片的下面与油相接，防止出现气泡。

（2）在载物片上之盖片上，滴一、二滴香柏油，慢慢降下镜筒，使物镜前端与油相接而未碰到盖片，这步操作要非常仔细！

（3）细心地调节细调旋钮，以得到清晰的像。

（4）观察完后，升起镜筒用二甲苯擦洗油迹，然后用镜头纸擦干。

3. 镜头若有污垢，用镜头纸擦拭，不得用手直接接触。

附录十一　旋　光　仪

所谓旋光性是指某一物质在一束平面偏振光通过时能使其偏振方向转过一个角度的性质，这个角度叫旋光度，其方向和大小与该分子的立体结构有关，在溶液状态时旋光度还与其浓度有关。旋光仪就是用来测定平面偏振光通过具有旋光性的物质时其旋光度的方向和大小的。由此看出：①用以定量地测定旋光物质的浓度，特别是精确测定溶液中有非旋光性杂质存在时旋光物质的含量。②用以测定有机物的结构，是判定有机物分子的立体构型的重要工具之一。

什么是平面偏振光？普通光源（如太阳光、钨丝灯泡光）所发出的光是自然光，其振动方向以各种角度分布在垂直于光线传播方向的平面上，如附录图 16 所示，而偏振光是自然光被某些物质反射和折射后，在垂直于传播方向平面内，只向一个固定方向的振动，如附录图 17 所示，当一束自然光进入一个各向异性的晶体中时（如方解石），发生双折射现象，自然光就分解为两束互相垂直的平面偏振光，如果能隔断这两束光线之一，则得到单一的平面偏振光，它可用于旋光的测量。

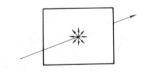

附录图 16　自然光的振动方向

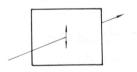

附录图 17　偏振光振动方向

尼柯尔（Nicol）棱镜就是根据这一原理设计的，它是将方解石晶体沿一定对角面剖开再用加拿大树胶粘合而成，如附录图 18 所示。当自然光进入尼柯尔棱镜时就分成两束互相垂直的平面偏振光，由于折射率不同（一束为 1.658，另一束为 1.486），当这两束光到达方解石与加拿大树胶的界面上时，其中折射率大者被全反射，另一束折射率小者可自由通过，全反射的一束光被直角面上的黑色涂层吸收，从而在尼柯尔棱镜的出射方向上获得一束单一的平面偏振光，旋光仪的主体是两块尼柯尔棱镜，把产生单一平面偏振光的这一块棱镜叫起偏镜。

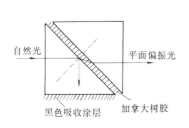

附录图 18 尼柯尔棱镜的起偏振原理   附录图 19 检偏镜

偏振光振动平面在空间轴向角度位置的测量是借助于另一块尼柯尔棱镜，此处被称为检偏镜并与刻度盘等机械零件组成一可同轴转动的系统，由于尼柯尔棱镜只允许按某一方向振动的平面偏振光通过，因此如果检偏镜光轴的轴向角度与入射的平面偏振光的轴向角度不一致，则透过检偏镜的偏振光将发生衰减或甚至不透过。分析如下：当一束光经过起偏镜（它是固定不变的）后，平面偏振光沿 OA 方向振动，如附录图 19 所示，设 OB 为检偏镜允许偏振光透过的振动方向，OA 与 OB 的交角为 θ，则振幅为 E 的 OA 方向的平面偏振光可分解为两束互相垂直的平面偏振光分量，其振幅分别为 $E\cos\theta$ 和 $E\sin\theta$，其中只有与 OB 相重的分量 $E\cos\theta$ 可以透过检偏镜，而与 OB 垂直的分量 $E\sin\theta$ 则不能通过。显然当 $\theta=0°$ 时 $E\cos\theta=E$，透过检偏镜的光最强，此即检偏镜光轴的轴向角度转到入射的平面偏振光的轴向角度相重合的情况，当两者互相垂直时，$\theta=90°$，$E\cos90°=0$，此时就没有光透过检偏镜。旋光仪就是利用检偏镜来测定旋光度的。其简单构造如附录图 20 所示。

如调节检偏镜使其透光的轴向角度与起偏镜的透光轴向角度互相垂直，则在检偏镜前观察到的视场呈黑暗，再在起偏镜和检偏镜之间

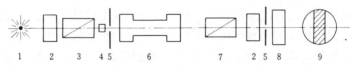

附录图 20　旋光仪的简单构造

1—光源；2—透镜；3—起偏镜；4—石英片；5—光栏；6—旋光管；
7—检偏镜；8—目镜；9—目镜视野

放入一个盛满旋光物质的样品管，则由于物质的旋光作用，使原来在 OA 方向振动的偏振光转过角度 α，这样在 OB 方向上有一个分量，所以视野不呈黑暗，必须将检偏镜也相应地转过一个角度 α，这样，视野才能重新恢复黑暗，因此检偏镜由第一次黑暗到第二次黑暗的角度差，即为被测物质的旋光度。

原则上，旋光仪只需起偏镜和检偏镜就可以进行测定，若调节起偏镜与检偏镜垂直，则目镜视野呈黑暗，若是在旋光管中盛满溶液（旋光的），则由于偏振光透过旋光管后又被偏转了一个角度，也必须将检偏镜转过一定角度，目镜视野才会呈黑暗，但由于人眼力对鉴别两次全黑相同的误差较大（可差 $4°\sim6°$ 之多），因此一般仪器中常用半阴法来提高观察的精确度。为此在起偏镜后加一条石英片，其位置在起偏镜中部，这样经过起偏镜的光线再经过石英片后又偏转了一个角度，在石英片后观察到视野如附录图 21（a）所示，OA 是光经起偏镜后的振动方向，OA' 是经过石英片后光的振动方向，此时左右两侧亮度相同而与中部不同，ϕ 称为半阴角。如果旋转检偏镜的位置，使其透射面 OB 与 OA' 垂直，则经过石英片的偏振光不能透过检偏镜，因此目镜视野中部黑暗而两旁较亮，如附录图 21（b）所示。若旋转检偏镜使 OB 与 OA 垂直，则目镜视野中部较亮两侧黑暗，如附录图 21（c）所示。如调检偏镜位置恰在（b）与（c）所示情况之间，则可以使视野的三部分明暗相同，如附录图 21（d）所示，此时 OB 恰好垂直于半阴角的分界线 OP，由于目力对这种明暗相等的三分视野易于判断，因此测定时先在旋光管中盛蒸馏水，以三分视野明暗相同时的读数作为零点，当旋光管中盛满溶液时，由于 OA、OA'

的振动方向都被转过了某一角度，因此也必须使检偏镜转过一定角度，才会使三分视野明暗相同，所得读数与零点之差为被测溶液的旋光度，如果测定时需把检偏镜顺时针方向旋转，才能重新使视野中明暗相同，则被称作右旋，反之为左旋（常在 ϕ 前加负号表示左旋）。如果调节检偏镜的位置使 OB 与 OP 重合，如附录图 21（e）所示，则三分视野中的明暗也应该相同，但在更亮情况下，OA 与 OA' 在 OB 上的分光比 OB 与 OP 垂直时的分光增大，三分视野更为明亮。由于人眼对弱照度的变化比较敏感，调节亮度相等的位置更准确，所以总是选取 OB 与 OP 垂直的情况来作为测定旋光度的标准。

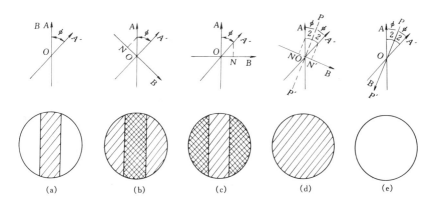

附录图 21　旋光仪的构造及其测量原理

有的旋光仪中石英片的大小为起偏镜的一半，则目镜的视野分为两半，当二分视野明暗相同时，所得读数与零点之差，即为被测液的旋光度。

旋光仪和所有仪器一样，须当心使用并妥善保养，平时用防尘罩盖好，以免灰尘浸入，使用前用清洁柔软的擦纸揩镜头，使用时，仪器金属部分切忌沾酸碱，在旋光管中装好溶液后，管的周围及两端玻璃片均应保持洁净，旋光管用后要用水洗净晾干，不要随便拆卸仪器，以免零件变动，使用时，切勿将灯泡直接插入 220V 电源，一定要经过镇流器。了解仪器的构造原理、仪器的性能及使用注意事项，

160

熟悉仪器的刻度读数，也是使用前要掌握的关键之一。

附录十二　阿贝折射仪

一、折射率测定的基本原理

单色光从一种介质进入另一种介质时即发生折射现象。在定温下入射角 i 的正弦和折射角 r 的正弦之比等于它在两种介质中传播速度 υ_1、υ_2 之比，即

$$\frac{\sin i}{\sin r} = \frac{\upsilon_1}{\upsilon_2} = n_{1,2}$$

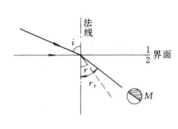

附录图 22　光的折射

当 $n_{1,2} > 1$ 时，从式中可知 i 角必须大于 r 角。这时光线由第一种介质进入第二种介质时则折向法线（附录图 22）。在一定温度下折射率 $n_{1,2}$ 对于给定的两种介质为一常数，故当入射角 i 增大时，折射角 r 也必相应增大，当 i 达到极大值 $\pi/2$ 时所得到的折射角 r_c 称为临界折射角。显然从图中法线左边入射的光线折射入第二种介质时折射线都应落在临界折射角 r_c 之内。这时若在 M 处置一目镜，则目镜上出现半明半暗。从式中不难看出，当固定一种介质时，临界折射角 r_c 的大小和折射率（表征第二种介质的性质）有简单的函数关系。阿贝（Abbe）折射仪正是根据这个原理而设计的。

二、阿贝折射仪的结构

阿贝折射仪的外形如附录图 23 所示。仪器的主要部分为两个直角棱镜 5 和 6，两棱镜中间留有微小的缝隙，其中可以铺展一层待测液体。光线从反射镜射入辅助棱镜 6 后，在其斜面上（附录图 24）发生漫射（P_i 面为毛玻面），漫射所产生的光线透过缝隙的液层而从各个方向进入折射棱镜 P_r 中（P_r 斜面为光面）。根据上述的讨论，从各个方向进入棱镜 P_r 的光线均产生折射，而其折射角都落在临界折射角 r_c 之内。具有临界折射角 r_c 的光射出棱镜 P_r 经阿密西棱镜消除

色散再经聚焦之后射于目镜上，此时若目镜的位置适当，则目镜中出现半明半暗。

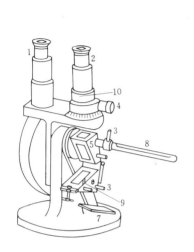

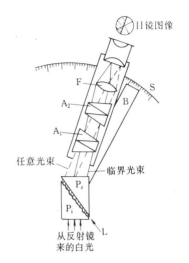

附录图 23　阿贝折射仪
1—目镜；2—读数放大镜；3—恒温水接头；
4—消色补偿器；5—测量棱镜；
6—辅助棱镜；7—平面反射镜；
8—温度计；9—加样品孔；
10—校正螺丝

附录图 24　光的行程
P_r—折射棱镜；P_i—辅助棱镜；
A_1，A_2—阿密西棱镜；B—转动臂；
F—聚焦透镜；L—液体层；
S—标尺；E—目镜中的像

三、折射仪的使用方法及注意事项

（一）仪器的使用方法

1. 将阿贝折射仪置于明亮处，但应避免阳光的直接照射，由超级恒温槽向棱镜夹套内通入所需温度的恒温水，检查插于棱镜夹套中的温度计的读数是否符合要求。

2. 转动辅助棱镜 6 上的锁钮，向下打开辅助棱镜，用少量丙酮清洗镜面，并用擦镜纸将镜面擦拭干净。

3. 用滴管将数滴待测试样滴于辅助棱镜 6 的磨砂镜面上，迅速闭合之，并旋上锁钮，当测定挥发性很大的样品时，可在合上辅助棱镜后再由棱镜的加液槽滴入试样，然后旋紧锁钮。

4. 调节反射镜的位置和角度，使入射光的强度适中以便于观测，转动转轴手柄，使目镜中出现明暗临界线。

5．由于光的散射，在明暗界线处往往会出现彩色光，转动消色散手柄4，可消除色散而使临界线明暗清晰。

6．再仔细转动转轴手柄，使临界线正好与×型标准线的交叉点相交。

7．从读数望远镜（放大镜）2中读出刻度盘S上液体折射率数值，在通常所用的 WYA 型阿贝折射仪上所得数值应精确至小数点后面第四位。

8．测量完毕后，打开棱镜，并用擦镜纸拭净镜面。

(二）使用注意事项

阿贝折射仪是一种精密的光学仪器，为了保护仪器和使测量值准确，使用时应特别注意以下几点。

(1) 注意保护棱镜面，擦拭镜面时只能用特制的擦镜纸，而不能用滤纸或其他纸张。

(2) 用滴定管加试样时，滴管口不能与棱镜镜面接触，当用滴管从加液槽滴入试样时，应防止管口破损，如万一管口破损，应立即打开棱镜，用擦镜纸将玻璃渣轻轻擦去。

(3) 试样不宜加得太多，只要保证试样在棱镜间能形成一连续的液层即可，一般只需滴入 2～3 滴试样。

(4) 阿贝折射仪不能用来测定强酸、强碱及其他带有腐蚀性的液体的折射率。

(5) 要保持仪器清洁，注意保护刻度盘。

(6) 长期使用后刻度盘的标尺零点可能会发生移动，校正的方法是用一已知折射率的标准液体（一般用蒸馏水）按上述方法进行，其测定值与标准值的差值即为校正值。亦可直接调节目镜前面凹槽中的调节螺丝，只要先将刻度盘读数与标准液体的折射率对准，再转动调节螺丝，直至临界线与×型标准线的交叉点相交，仪器就校正完毕。最后还应注意在实验结束后，除必须使镜面清洁外，尚需夹上两层擦镜纸才能扭紧两棱镜的闭合螺丝，以防镜面受损。

简单易得的标准液体是蒸馏水。它在各种温度下的折射率见附录十六。

折射仪常附有注明折光率的标准玻璃块，要用 α-溴萘将其粘在折射棱镜 5 上，不要合上辅助棱镜，打开棱镜背后小窗使光线射入，然后用上述方法进行校正。

附录十三　722 型光栅分光光度计

一、基本原理

根据物质能选择吸收一定波长电磁波的特点，设计制造了分光光度计，分光光度计能以不同的方式将物质的吸收光谱记录下来，而按照吸收光谱的不同可以对物质进行鉴别分析，这就是光度法进行物质定性的基础。

入射光强度 I_0 和透射光强度 I 之间有如下关系。

$$I = I_0 e^{-kcd}$$

故　　$$\ln \frac{I_0}{I} = kcd = D \qquad \left(A = \frac{1}{2.303} D \right)$$

式中　k——吸收系数，对于一定溶质、溶剂及一定波长的入射

　　　　　光，k 为常数；

　　　c——溶液浓度；

　　　d——盛放溶液的液槽的透光厚度；

　　　$\dfrac{I_0}{I}$——透射比；

　　　D——光密度；

　　　A——吸光度。

这就是 Lambert-Beer 定律。

在被测物质的厚度一定时（d 为常数），吸光度与被测物质的浓度成正比，这就是光度法进行定量分析的基本依据。

二、722 型光栅分光光度计的仪器构造原理

附录图 25 表示 722 型光栅分光光度计的外形和各旋钮的功能，722 型光栅分光光度计采用光栅自准式色散系统和单光束结构光路，见附录图 26。

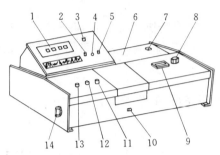

附录图25 722型光栅分光光度计的外形
1—数字显示器；2—吸光度调零旋钮；
3—选择开关；4—吸光度调斜率电位器；
5—浓度旋钮；6—光源室；7—电源开关；
8—波长手轮；9—波长刻度窗；10—试样架拉手；
11—100％T旋钮；12—0％T旋钮；
13—灵敏度调节旋钮；14—干燥器

钨灯发出的连续辐射经滤色片选择聚光镜聚光后投向单色器进光狭缝，此狭缝正好处于聚光镜及单色器内准直镜的焦平面上，因此进入单色器的复合光通过平面反射镜反射及准直镜准直变成平行光射向色散元件光栅，光栅将入射的复合光通过衍射作用形成按照一定顺序均匀排列的连续单色光谱，此单色光谱重新回到准直镜上，由于仪器出射狭缝设置在准直镜的焦平面上，这样，从光栅色散出来的光谱经准直镜后利用聚光原理成像在出射狭缝上，出射狭缝选出指定带宽的单色光通过聚光镜落在试样室被测样品中心，样品吸收后透射的光经光门射向光电管阴极面。光学系统光路射向途径见附录图26。图中保护玻璃为防止灰尘进入单色器而设，与原理无关。

三、操作方法

1．使用仪器前，使用者应该首先了解本仪器的结构和工作原理，以及各个操作旋钮之功能。在未接通电源前，应该对于仪器的安全性进行检查，电源线接线应牢固，通地要良好，各个调节旋钮的起始位置应该正确，然后再接通电源开关。

仪器在使用前先检查一下，放大器暗盒的硅胶干燥筒（在仪器的左侧），如受潮变色，应更换干燥的蓝色硅胶或者倒出原硅胶，烘干后再用。

仪器经过运输和搬运等原因，会影响波长精度、吸光度精度，请根据仪器调校步骤进行调整，然后投入使用。

2．将灵敏度旋钮调置"1"档（放大倍率最小）。

3．开启电源，指示灯亮，选择开关置于"T"，波长调置测试用

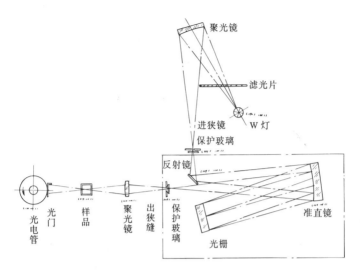

附录图 26　722 型光栅分光光度计光学系统

波长，仪器预热 20min。

4. 打开试样室盖（光门自动关闭），调节"0"旋钮，使数字显示为"00.0"，盖上试样室盖，将比色皿架处于蒸馏水校正位置，使光电管受光，调节透过率"100%"旋钮，使数字显示为"100.0"。

5. 如果显示不到"100.0"，则可适当增加微电流放大器的倍率档数，但尽可能倍率置低档使用，这样仪器将有更高的稳定性。但改变倍率后必须按 4 重新校正"0"和"100%"。

6. 预热后，按 4 连续几次调整"0"和"100%"，仪器即可进行测定工作。

7. 吸光度 A 的测量按 4 调整仪器的"00.0"和"100%"将选择开关置于"A"，调节吸光度调零旋钮，使得数字显示为".000"，然后将被测样品移入光路，显示值即为被测样品的吸光度值。

8. 浓度 c 的测量：选择开关由"A"旋置"C"，将已标定浓度的样品放入光路，调节浓度旋钮，使得数字显示为标定值，将被测样品放入光路，即可读出被测样品的浓度值。

9. 如果大幅度改变测试波长时，在调整"0"和"100%"后稍等片刻（因光能量变化急剧，光电管受光后响应缓慢，需一段光响应平衡时间），当稳定后，重新调整"0"和100%即可工作。

10．每台仪器所配套的比色皿，不能与其他仪器上的比色皿单个调换。

11．本仪器数字表后盖，有信号输出0～1000mV，插电源时注意插座电源正、负极，

四、注意事项

1．仪器应放在清洁、干燥、无尘、无腐蚀性气体和不太亮的室内，工作台应牢固稳定。

2．仪器的连续使用时间不应超过两小时，最好是间歇半小时后再使用。

3．测定完毕，应关闭仪器的各个开关，拔去电源插头，比色皿应用蒸馏水洗净。揩干，存放在比色皿的盒子内，揩抹比色皿透光面最好用细软而易吸水的镜头纸。

附录十四　单盘光学天平

一、TD18型单盘光学天平

TD18型单盘光学天平最大负荷为160g，全部机械加码，范围为0.1～159.9g，读数精度0.02mg，因而是快速称量的精密仪器，见附录图27。此天平属于刀刃支承式不等臂单盘天平，被支承的横梁前端为砝码架和秤盘连结在一起的悬挂系统，并且全部砝码置于砝码架上，横梁的另一端是固定的配重砣，使天平保持平衡状态。当被称物置于盘内时，旋转减码机构手钮，将相当于被称物质量的砝码从砝码架上托起进行替代，而使天平横梁处于平衡。因此，在进行不同质量物质称量时，加到刀刃支承上的负荷为一定值，天平的灵敏度是恒量。天平的使用方法叙述如下。

1．接通电源，开启天平，投影屏应有刻度显示。

2．零位调整：投影屏上刻线清晰后，如微分标牌"OO"位线与投影屏上准线不重合时，要调节调零旋钮。

3．天平开关的启闭和砝码旋钮转动应缓慢均匀，以免受冲击、

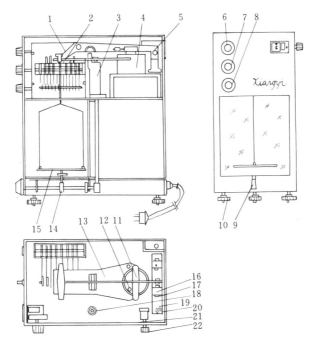

附录图 27　TD18 型单盘光学天平结构示意图

1—横梁；2—悬挂系统；3—立柱；4—阻尼筒；5—光源；
6—100～900mg 减码旋钮；7—1～9g 减码旋钮；8—10～150g 减码旋钮；
9—开关执手；10—水平调整脚；11—重心调节螺母；12—平衡螺母；
13—托叶；14—托盘；15—秤盘；16—物镜筒紧固螺钉；17—物镜筒；18—水准器；
19—反射镜；20—反射镜紧固螺钉；21—微读读数旋钮；22—调零旋钮

挂篮晃动等。

4．天平全开时（开关置"1"位），不允许增减砝码，半开时（开关置"1/2"位）才能增减砝码（见附录图 27）。

5．称量前先校正空称零位（按第 3 条），所有减码显示在零位。

6．样品尽可能置于称盘中央。

7．样品质量不得超过最大载荷。

8．称量时，先估计样品质量，按估计值递减砝码，再将天平开关旋至"1/2"位，根据投影屏上反映的轻重，增减砝码，至适量时，

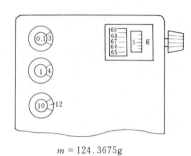

$$m = 124.3675 \text{g}$$

附录图28　TD18型单盘
光学天平称读数示意图

开关旋至"1"位进行读数。

9. 称量的读数，横梁静止后，旋转微读机构旋钮使微分标牌上刻线与投影屏准线重合，即可读出称量的数值（见附录图28中的例子）。

10. 天平使用完毕，秤盘应空载，减码旋钮及微读旋钮复零，切断电源。

二、浮力校正

浮力影响称量结果，因为一般情况下空气对被称物体和砝码所施以的浮力不同，设被称物体体积为 V，在空气中重 W_a，在真空中重 W，所用砝码体积为 v，空气密度为 ρ，则

$$W = W_a + V\rho - v\rho$$

分析天平用的砝码一盘是黄铜作的，外面镀铬，其密度 8.4g/cm^{-3}。所以可用 $W_a/8.4$ 代替 v，得到

$$W = W_a\left(1 - \frac{\rho}{8.4}\right) + V\rho$$

若 V 知道，即可求出 W，但常不知道，如果知道物体的密度为 ρ_0，$V = W/\rho_0$，则，

$$W = W_a \frac{1 - (\rho/8.4)}{1 - (\rho/\rho_0)}$$

当 $\rho/\rho_0 \ll 1$ 时

$$W = W_a\left[1 + \left(\frac{1}{\rho_0} - \frac{1}{8.4}\right)\rho\right]$$

空气的密度随温度、压力及湿度而变化，但在 15～30℃，97.3～103.9kPa 范围可以不管相对湿度变化，空气密度 ρ 仍可以取 $0.0012\text{g}\cdot\text{cm}^{-3}$。在称量固体时可以略去浮力校正，但称量大体积液体，特别是称量气体时需做浮力校正。比如，水的 W 比 W_a 重 0.1%，即对100g 水，浮力校正达100mg，比起称量误差的其他来源

都大。此外，每个天平砝码应该专用，对精密工作，此砝码应用标准砝码在该天平上定期校准，对易挥发、易吸收水、吸收 CO_2 或 O_2 等物质，均应放入磨口瓶或称量瓶中。否则引起的称量误差也较大。

附录十五　法定计量单位

表1　SI 基本单位

量的名称	单位名称	单位符号	量的名称	单位名称	单位符号
长度	米	m	热力学温度	开[尔文]	K
质量	千克(公斤)	kg	物质的量	摩[尔]	mol
时间	秒	s	发光强度	坎[德拉]	cd
电流	安[培]	A			

表2　包括 SI 辅助单位在内的具有专门名称的 SI 导出单位

量的名称	SI 导出单位		
	名　称	符号	用 SI 基本单位和 SI 导出单位表示
[平面]角	弧度	rad	$1rad = 1m/m = 1$
立体角	球面度	sr	$1sr = 1m^2/m^2 = 1$
频率	赫[兹]	Hz	$1Hz = 1s^{-1}$
力	牛[顿]	N	$1N = 1kg \cdot m/s^2$
压力、压强、应力	帕[斯卡]	Pa	$1Pa = 1N/m^2$
能[量]、功、热量	焦[耳]	J	$1J = 1N \cdot m$
功率、辐[射能]通量	瓦[特]	W	$1W = 1J/s$
电荷[量]	库[仑]	C	$1C = 1A \cdot s$
电压、电动势、电位、(电势)	伏[特]	V	$1V = 1W/A$
电容	法[拉]	F	$1F = 1C/V$
电阻	欧[姆]	Ω	$1\Omega = 1V/A$
电导	西[门子]	S	$1S = 1\Omega^{-1}$
磁通[量]	韦[伯]	Wb	$1Wb = 1V \cdot s$
磁通[量]密度,磁感应强度	特[斯拉]	T	$1T = 1Wb/m^2$
电感	亨[利]	H	$1H = 1Wb/A$
摄氏温度	摄氏度[1]	℃	$1℃ = 1K$
光通量	流[明]	lm	$1lm = 1cd \cdot sr$
[光]照度	勒[克斯]	lx	$1lx = 1lm/m^2$

①摄氏度是用来表示摄氏温度值时单位开尔文的专门名称（参阅 GB3102.4 中 4-1.a 和 4-2.a）。

表3 由于人类健康安全防护上的需要而确定的具有专门名称的 SI 导出的单位

量的名称	SI 导出单位		
	名　称	符号	用 SI 基本单位和 SI 导出单位表示
[放射性]沃度	贝可[勒尔]	Bq	$1Bq = 1s^{-1}$
吸收剂量 比授[予]能 比释动能	戈[瑞]	Gy	$1Gy = 1J/kg$
剂量当量	希[活特]	Sv	$1Sv = 1J/kg$

表4　SI 词头

因 数	词 头 名 称		符号	因 数	词 头 名 称		符号
	英文	中文			英文	中文	
10^{24}	yotta	尧[它]	Y	10^{-1}	deci	分	d
10^{21}	zetta	泽[它]	Z	10^{-2}	centi	厘	c
10^{18}	exa	艾[可萨]	E	10^{-3}	milli	毫	m
10^{15}	peta	拍[它]	P	10^{-6}	micro	微	μ
10^{12}	tera	太[拉]	T	10^{-9}	nano	纳[诺]	n
10^{9}	giga	吉[咖]	G	10^{-12}	pico	皮[可]	p
10^{6}	mega	兆	M	10^{-15}	femto	飞[母托]	f
10^{3}	kilo	千	k	10^{-18}	atto	阿[托]	a
10^{2}	hecto	百	h	10^{-21}	zepto	仄[普托]	z
10^{1}	deca	十	da	10^{-24}	yocto	幺[科托]	y

表5　可与国际单位制单位并用的我国法定计量单位

量的名称	单位名称	单位符号	与 SI 单位的关系
时间	分	min	$1min = 60s$
	[小]时	h	$1h = 60min = 3600s$
	日，天	d	$1d = 24h = 86400s$
平面角	度	°	$1° = (\pi/180)rad$
	[角]分	′	$1′ = (1/60°) = (\pi/10800)rad$
	[角]秒	″	$1″ = (1/60′) = (\pi/648000)rad$
体积	升	L,(l)	$1L = 1dm^3 = 10^{-3}m^3$

续表

量的名称	单位名称	单位符号	与 SI 单位的关系
质量	吨 原子质量单位	t u	$1t = 10^3kg$ $1u \approx 1.660540 \times 10^{-27}kg$
旋转速度	转每分钟	r/min	$1r/min = (1/60)s^{-1}$
长度	海里	n mile	$1n\ mile = 1852m$(只用于航行)
速度	节	kn	$1kn = 1n\ mile/h = (1852/3600)m/s$(只用于航行)
能	电子伏	eV	$1eV \approx 1.602177 \times 10^{-19}J$
级差	分贝	dB	
线密度	特[克斯]	tex	$1tex = 10^{-6}kg/m$
面积	公顷	hm^2	$1hm^2 = 10^4m^2$

注：1．平面角单位度、分秒的符号，在组合单位中应采用（°）、（′）、（″）的形式。例如，不用°/s 而用（°）/s。

2．升的符号中，小写字母 l 为备用符号。

3．公顷的国际通用符号为 ha。

表 6　基本物理常量

物理量名称	符　　号	数　　　值
真空中的光速	c	$(2.997\ 924\ 58 \pm 0.000\ 000\ 012) \times 10^8 m \cdot s^{-1}$
元电荷(一个质子的电荷)	e	$(1.602\ 177\ 33 \pm 0.000\ 000\ 49) \times 10^{-19}C$
Planck 常量	h	$(6.626\ 075\ 5 \pm 0.000\ 004\ 0) \times 10^{-34}J \cdot s$
Boltzmann 常量	k	$(1.380\ 658 \pm 0.000\ 012) \times 10^{-23}J \cdot K^{-1}$
Avogadro 常量	L	$(6.022 \pm 0.000\ 031) \times 10^{23}mol^{-1}$
原子质量单位	$1u = m(^{12}C)/12$	$(1.660\ 540\ 2 \pm 0.0001\ 001\ 0) \times 10^{-27}kg$
电子的静止质量	m_e	$9.109\ 38 \times 10^{-31}kg$
质子的静止质量	m_p	$1.672\ 62 \times 10^{-27}kg$
真空介电常量	ε_0 $4\pi\varepsilon_0$	$8.854\ 188 \times 10^{-12}J^{-1} \cdot C^2 \cdot m^{-1}$ $1.112\ 650 \times 10^{-10}J^{-1} \cdot C^2 \cdot m^{-1}$
Faraday 常量	F	$(9.648\ 530 \pm 0.000\ 002\ 9) \times 10^4C \cdot mol^{-1}$
摩尔气体常量	R	$8.314\ 51 \pm 0.000\ 070J \cdot K^{-1} \cdot mol^{-1}$

注：本附录数据摘自 Handbook of Chemistry and Physics, 70 th Ed.，其中 c、e、h、k、L、F、R 摘自 GB 3102—93。

附录十六　物理化学常用数据表

表1　水的饱和蒸气压

温度 /℃	$\frac{p}{A^{①}}$/Pa	温度 /℃	$\frac{p}{A^{①}}$/Pa	温度 /℃	$\frac{p}{A^{①}}$/Pa	温度 /℃	$\frac{p}{A^{①}}$/Pa
0	4.579						
1	4.926	26	25.209	51	97.20	76	301.4
2	5.294	27	26.739	52	102.09	77	314.1
3	5.685	28	28.349	53	107.20	78	327.3
4	6.101	29	30.043	54	112.51	79	341.0
5	6.543	30	31.824	55	118.04	80	355.1
6	7.013	31	33.695	56	123.80	81	369.7
7	7.513	32	35.663	57	129.82	82	384.9
8	8.045	33	37.729	58	136.08	83	400.6
9	8.609	34	39.898	59	142.60	84	416.8
10	9.209	35	41.175	60	149.38	85	433.6
11	9.844	36	44.563	61	156.43	86	450.9
12	10.518	37	47.067	62	163.77	87	468.7
13	11.231	38	49.692	63	171.38	88	487.1
14	11.987	39	52.442	64	179.31	89	506.1
15	12.788	40	55.324	65	187.54	90	525.76
16	13.634	41	58.34	66	196.09	91	546.05
17	14.530	42	61.50	67	204.96	92	566.99
18	15.447	43	64.80	68	214.17	93	588.60
19	16.477	44	68.26	69	223.73	94	610.90
20	17.535	45	71.88	70	233.7	95	633.90
21	18.650	46	75.65	71	243.9	96	657.62
22	19.827	47	79.60	72	254.6	97	682.07
23	21.068	48	83.71	73	265.7	98	707.27
24	22.377	49	88.02	74	277.2	99	733.24
25	23.756	50	92.51	75	289.1	100	760.00

① A 为单位换算因子，$A = 1\text{mmHg} = 133.3224\text{Pa}$。

注：摘自 Robert C. Weast, Handbook of chem. & Phys. 63th. p. 196 （1982～1983）。

表 2　不同温度下水、苯、乙醇的密度

温度/℃	密度/(g·cm⁻³)			温度/℃	密度/(g·cm⁻³)		
	水	苯	乙醇		水	苯	乙醇
5	0.999965	0.891	0.802	23	0.997538	0.877	0.787
10	0.999700	0.887	0.798	24	0.997296	0.876	0.786
15	0.999099	0.883	0.794	25	0.997044	0.875	0.785
16	0.998943	0.882	0.794	26	0.996783	0.875	0.784
17	0.998774	0.882	0.792	27	0.996512		0.784
18	0.998595	0.881	0.791	28	0.996232		0.783
19	0.998405	0.881	0.790	29	0.995944		0.782
20	0.998203	0.879	0.789	30	0.995646	0.869	0.781
21	0.997992	0.879	0.789	40	0.99244	0.858	0.772
22	0.997770	0.878	0.788	50	0.99007	0.847	0.763

注：$1\text{g·cm}^{-3} = 10^3\text{kg·m}^{-3}$。

表 3　液体的折射率(25℃)

名　称	n_D^{25}	名　称	n_D^{25}	名　称	n_D^{25}
甲醇	1.326	乙酸乙酯	1.370	甲苯	1.494
水	1.33252	正乙烷	1.372	苯	1.498
乙醚	1.352	正丁醇	1.397	苯乙烯	1.545
丙酮	1.357	氯仿	1.444	溴苯	1.557
乙醇	1.359	四氯化碳	1.459	苯胺	1.583
醋酸	1.370	乙苯	1.493	溴仿	1.587

注：引自 Robert C. Weast, Handbook of Chem. & Phys. 63th. p. 375（1982～1983）。

表 4　几种液体的粘度($\times 10^{-3}$Pa·s)

温度/℃	水	苯	乙醇	氯仿
0	1.787	0.912	1.785	0.699
10	1.307	0.758	1.451	0.625
15	1.139	0.698	1.345	0.597
16	1.109	0.685	1.320	0.591
17	1.081	0.677	1.290	0.586
18	1.053	0.666	1.265	0.580
19	1.027	0.656	1.238	0.574
20	1.002	0.647	1.216	0.568
21	0.9779	0.638	1.188	0.562
22	0.9548	0.629	1.186	0.556
23	0.9325	0.621	1.143	0.551

温度/℃	水	苯	乙醇	氯仿
24	0.9111	0.611	1.123	0.545
25	0.8904	0.601	1.103	0.540
30	0.7975	0.566	0.991	0.514
40	0.6529	0.482	0.823	0.464
50	0.5468	0.436	0.701	0.424
60	0.4665	0.395	0.591	0.389

表 5 摩尔凝固点降低常数

溶 剂	凝固点/℃	K_f	溶 剂	凝固点/℃	K_f
环己烷	6.5	20.0	酚	42	7.27
溴仿	7.8	14.4	萘	80.2	6.9
醋酸	16.7	3.9	樟脑	178.4	37.7
苯	5.5	5.12	水	0	1.86

注：引自 John A. Dean Lange's, Handbook of Chemistry, 11th Edition, 10～67 (1973)。

表 6 水的表面张力/($\times 10^{-3}$N·m^{-1})

温度/℃	表面张力	温度/℃	表面张力	温度/℃	表面张力
-8	77.0	18	73.05	60	66.18
-5	76.4	20	72.75	70	64.4
0	75.6	25	71.97	80	62.6
5	74.9	30	71.18	100	58.9
10	74.22	40	69.56		
15	73.49	50	67.91		

注：摘自 Robert C. Weast, Handbook of Chem. & Phys. 63th. p. 35 (1982～1983)。

表 7 水的折射率(钠光)

温度/℃	折射率 n_D^t	温度/℃	折射率 n_D^t	温度/℃	折射率 n_D^t
0	1.33395	19	1.33308	26	1.33242
5	1.33388	20	1.33300	27	1.33231
10	1.33368	21	1.33292	28	1.33214
15	1.33339	22	1.33283	29	1.33206
16	1.33331	23	1.33274	30	1.33192
17	1.33323	24	1.33264	32	1.33164
18	1.33316	25	1.33254	34	1.33136

注：摘自 Robert C. Weast, Handbook of Chem. & Phys. 63th. p. 378 (1982～1983)。

表8 透光度（T/%)和吸光度（A）的换算表

T/%	A	T/%	A	T/%	A	T/%	A	T/%	A
0.1		4.5	1.347	8.9	1.051	13.3	0.876	17.7	0.752
0.2		4.6	1.337	9.0	1.046	13.4	0.873	17.8	0.750
0.3		4.7	1.328	9.1	1.041	13.5	0.870	17.9	0.747
0.4		4.8	1.319	9.2	1.036	13.6	0.867	18.0	0.745
0.5		4.9	1.310	9.3	1.032	13.7	0.863	18.1	0.742
0.6		5.0	1.301	9.4	1.027	13.8	0.860	18.2	0.740
0.7		5.1	1.292	9.5	1.022	13.9	0.857	18.3	0.738
0.8		5.2	1.284	9.6	1.018	14.0	0.854	18.4	0.735
0.9		5.3	1.276	9.7	1.013	14.1	0.851	18.5	0.735
1.0	2.000	5.4	1.268	9.8	1.009	14.2	0.848	18.6	0.730
1.1	1.959	5.5	1.260	9.9	1.004	14.3	0.845	18.7	0.728
1.2	1.921	5.6	1.252	10.0	1.000	14.4	0.842	18.8	0.726
1.3	1.886	5.7	1.244	10.1	0.996	14.5	0.839	18.9	0.724
1.4	1.854	5.8	1.237	10.2	0.991	14.6	0.836	19.0	0.721
1.5	1.824	5.9	1.229	10.3	0.987	14.7	0.833	19.1	0.719
1.6	1.794	6.0	1.222	10.4	0.983	14.8	0.830	19.2	0.717
1.7	1.770	6.1	1.215	10.5	0.979	14.9	0.827	19.3	0.715
1.8	1.745	6.2	1.208	10.6	0.975	15.0	0.824	19.4	0.712
1.9	1.721	6.3	1.201	10.7	0.971	15.1	0.821	19.5	0.710
2.0	1.699	6.4	1.194	10.8	0.967	15.2	0.818	19.6	0.708
2.1	1.678	6.5	1.187	10.9	0.963	15.3	0.815	19.7	0.706
2.2	1.658	6.6	1.180	11.0	0.959	15.4	0.813	19.8	0.703
2.3	1.638	6.7	1.174	11.1	0.955	15.5	0.810	19.9	0.701
2.4	1.620	6.8	1.168	11.2	0.951	15.6	0.807	20.0	0.699
2.5	1.620	6.9	1.161	11.3	0.947	15.7	0.804	20.1	0.697
2.6	1.585	7.0	1.155	11.4	0.943	15.8	0.801	20.2	0.695
2.7	1.569	7.1	1.149	11.5	0.939	15.9	0.799	20.3	0.692
2.8	1.553	7.2	1.143	11.6	0.936	16.0	0.794	20.4	0.690
2.9	1.538	7.3	1.137	11.7	0.932	16.1	0.793	20.5	0.688
3.0	1.523	7.4	1.131	11.8	0.928	16.2	0.790	20.6	0.686
3.1	1.509	7.5	1.125	11.9	0.925	16.3	0.788	20.7	0.684
3.2	1.495	7.6	1.119	12.0	0.921	16.4	0.785	20.8	0.682
3.3	1.482	7.7	1.114	12.1	0.917	16.5	0.783	20.9	0.680
3.4	1.468	7.8	1.108	12.2	0.914	16.6	0.780	21.0	0.678
3.5	1.456	7.9	1.102	12.3	0.910	16.7	0.778	21.1	0.676
3.6	1.444	8.0	1.097	12.4	0.907	16.8	0.775	21.2	0.674
3.7	1.432	8.1	1.092	12.5	0.903	16.9	0.772	21.3	0.672
3.8	1.420	8.2	1.086	12.6	0.900	17.0	0.770	21.4	0.670
3.9	1.409	8.3	1.081	12.7	0.896	17.1	0.767	21.5	0.668
4.0	1.398	8.4	1.076	12.8	0.893	17.1	0.765	21.6	0.666
4.1	1.387	8.5	1.071	12.9	0.890	17.3	0.762	21.7	0.664
4.2	1.377	8.6	1.065	13.0	0.886	17.4	0.760	21.8	0.662
4.3	1.367	8.7	1.060	13.1	0.883	17.5	0.757	21.9	0.660
4.4	1.356	8.8	1.055	13.2	0.879	17.6	0.755	22.0	0.658

T /%	A	T /%	A	T /%	A	T /%	A	T /%	A
22.1	0.656	26.7	0.574	31.3	0.505	35.9	0.445	40.5	0.392
22.2	0.654	26.8	0.572	31.4	0.503	36.0	0.444	40.6	0.391
22.3	0.652	26.9	0.570	31.5	0.502	36.1	0.442	40.7	0.390
22.4	0.650	27.0	0.569	31.6	0.500	36.2	0.441	40.8	0.389
22.5	0.648	27.1	0.567	31.7	0.499	36.3	0.440	40.9	0.388
22.6	0.646	27.2	0.566	31.8	0.498	36.4	0.439	41.0	0.387
22.7	0.644	27.3	0.564	31.9	0.496	36.5	0.438	41.1	0.386
22.8	0.642	27.4	0.562	32.0	0.495	36.6	0.436	41.2	0.385
22.9	0.640	27.5	0.561	32.1	0.493	36.7	0.435	41.3	0.384
23.0	0.638	27.6	0.559	32.2	0.492	36.8	0.434	41.4	0.383
23.1	0.636	27.7	0.558	32.3	0.491	36.9	0.433	41.5	0.382
23.2	0.635	27.8	0.556	32.4	0.490	37.0	0.432	41.6	0.381
23.3	0.633	27.9	0.554	32.5	0.488	37.1	0.431	41.7	0.380
23.4	0.631	28.0	0.553	32.6	0.487	37.2	0.430	41.8	0.379
23.5	0.629	28.1	0.551	32.7	0.485	37.3	0.428	41.9	0.378
23.6	0.627	28.2	0.550	32.8	0.484	37.4	0.427	42.0	0.377
23.7	0.625	28.3	0.548	32.9	0.483	37.5	0.426	42.1	0.376
23.8	0.624	28.4	0.547	33.0	0.482	37.6	0.425	42.2	0.375
23.9	0.622	28.5	0.545	33.1	0.480	37.7	0.424	42.3	0.374
24.0	0.620	28.6	0.544	33.2	0.479	37.8	0.422	42.4	0.373
24.1	0.618	28.7	0.542	33.3	0.478	37.9	0.421	42.5	0.372
24.2	0.616	28.8	0.540	33.4	0.476	38.0	0.420	42.6	0.371
24.3	0.614	28.9	0.539	33.5	0.475	38.1	0.419	42.7	0.370
24.4	0.613	29.0	0.538	33.6	0.474	38.2	0.418	42.8	0.369
24.5	0.611	29.1	0.536	33.7	0.472	38.3	0.417	42.9	0.368
24.6	0.609	29.2	0.535	33.8	0.471	38.4	0.416	43.0	0.367
24.7	0.607	29.3	0.533	33.9	0.470	38.5	0.414	43.1	0.366
24.8	0.606	29.4	0.532	34.0	0.468	38.6	0.413	43.2	0.365
24.9	0.604	29.5	0.530	34.1	0.467	38.7	0.412	43.3	0.364
25.0	0.602	29.6	0.529	34.2	0.466	38.8	0.411	43.4	0.363
25.1	0.600	29.7	0.527	34.3	0.465	38.9	0.410	43.5	0.362
25.2	0.599	29.8	0.526	34.4	0.463	39.0	0.409	43.6	0.361
25.3	0.597	29.9	0.524	34.5	0.462	39.1	0.408	43.7	0.360
25.4	0.595	30.0	0.523	34.6	0.461	39.2	0.407	43.8	0.359
25.5	0.594	30.1	0.521	34.7	0.460	39.3	0.406	43.9	0.358
25.6	0.592	30.2	0.520	34.8	0.458	39.4	0.404	44.0	0.357
25.7	0.590	30.3	0.519	34.9	0.457	39.5	0.403	44.1	0.356
25.8	0.588	30.4	0.517	35.0	0.456	39.6	0.402	44.2	0.355
25.9	0.587	30.5	0.516	35.1	0.455	39.7	0.401	44.3	0.354
26.0	0.585	30.6	0.514	35.2	0.454	39.8	0.400	44.4	0.353
26.1	0.583	30.7	0.513	35.3	0.452	39.9	0.399	44.5	0.352
26.2	0.582	30.8	0.511	35.4	0.451	40.0	0.398	44.6	0.351
26.3	0.580	30.9	0.510	35.5	0.450	40.1	0.397	44.7	0.350
26.4	0.578	31.0	0.509	35.6	0.449	40.2	0.396	44.8	0.349
26.5	0.577	31.1	0.507	35.7	0.447	40.3	0.395	44.9	0.348
26.6	0.575	31.2	0.506	35.8	0.446	40.4	0.394	45.0	0.347

$T/\%$	A	$T/\%$	A	$T/\%$	A	$T/\%$	A	$T/\%$	A
45.1	0.346	49.7	0.304	54.3	0.265	58.9	0.230	63.5	0.197
45.2	0.345	49.8	0.303	54.4	0.264	59.0	0.229	63.6	0.196
45.3	0.344	49.9	0.302	54.5	0.264	59.1	0.228	63.7	0.196
45.4	0.343	50.0	0.301	54.6	0.263	59.2	0.228	63.8	0.195
45.5	0.342	50.1	0.300	54.7	0.262	59.3	0.227	63.9	0.194
45.6	0.341	50.2	0.299	54.8	0.261	59.4	0.226	64.0	0.194
45.7	0.340	50.3	0.298	54.9	0.260	59.5	0.226	64.1	0.193
45.8	0.339	50.4	0.298	55.0	0.260	59.6	0.225	64.2	0.192
45.9	0.338	50.5	0.297	55.1	0.259	59.7	0.224	64.3	0.192
46.0	0.337	50.6	0.296	55.2	0.258	59.8	0.223	64.4	0.191
46.1	0.336	50.7	0.295	55.3	0.257	59.9	0.223	64.5	0.190
46.2	0.335	50.8	0.294	55.4	0.256	60.0	0.222	64.6	0.190
46.3	0.334	50.9	0.293	55.5	0.256	60.1	0.221	64.7	0.189
46.4	0.333	51.0	0.292	55.6	0.255	60.2	0.220	64.8	0.188
46.5	0.332	51.1	0.292	55.7	0.254	60.3	0.220	64.9	0.188
46.6	0.332	51.2	0.291	55.8	0.253	60.4	0.219	65.0	0.187
46.7	0.331	51.3	0.290	55.9	0.253	60.5	0.218	65.1	0.186
46.8	0.330	51.4	0.289	56.0	0.252	60.6	0.218	65.2	0.186
46.9	0.329	51.5	0.288	56.1	0.251	60.7	0.217	65.3	0.185
47.0	0.328	51.6	0.287	56.2	0.250	60.8	0.216	65.4	0.184
47.1	0.327	51.7	0.286	56.3	0.250	60.9	0.215	65.5	0.184
47.2	0.326	51.8	0.286	56.4	0.249	61.0	0.215	65.6	0.183
47.3	0.325	51.9	0.285	56.5	0.248	61.1	0.214	65.7	0.182
47.4	0.324	52.0	0.284	56.6	0.247	61.2	0.213	65.8	0.182
47.5	0.323	52.1	0.283	56.7	0.246	61.3	0.212	65.9	0.181
47.6	0.322	52.2	0.282	56.8	0.246	61.4	0.212	66.0	0.180
47.7	0.321	52.3	0.282	56.9	0.245	61.5	0.211	66.1	0.180
47.8	0.321	52.4	0.281	57.0	0.244	61.6	0.210	66.2	0.179
47.9	0.320	52.5	0.280	57.1	0.243	61.7	0.210	66.3	0.178
48.0	0.319	52.6	0.279	57.2	0.243	61.8	0.209	66.4	0.178
48.1	0.318	52.7	0.278	57.3	0.242	61.9	0.208	66.5	0.177
48.2	0.317	52.8	0.277	57.4	0.241	62.0	0.208	66.6	0.176
48.3	0.316	52.9	0.276	57.5	0.240	62.1	0.207	66.7	0.176
48.4	0.315	53.0	0.276	57.6	0.240	62.2	0.206	66.8	0.175
48.5	0.314	53.1	0.275	57.7	0.239	62.3	0.206	66.9	0.175
48.6	0.313	53.2	0.274	57.8	0.238	62.4	0.205	67.0	0.174
48.7	0.312	53.3	0.273	57.9	0.237	62.5	0.204	67.1	0.173
48.8	0.312	53.4	0.272	58.0	0.237	62.6	0.203	67.2	0.173
48.9	0.311	53.5	0.272	58.1	0.236	62.7	0.203	67.3	0.172
49.0	0.310	53.6	0.271	58.2	0.235	62.8	0.202	67.4	0.171
49.1	0.309	53.7	0.270	58.3	0.234	62.9	0.201	67.5	0.171
49.2	0.308	53.8	0.269	58.4	0.234	63.0	0.201	67.6	0.170
49.3	0.307	53.9	0.268	58.5	0.233	63.1	0.200	67.7	0.169
49.4	0.306	54.0	0.268	58.6	0.232	63.2	0.199	67.8	0.169
49.5	0.305	54.1	0.267	58.7	0.231	63.3	0.199	67.9	0.168
49.6	0.304	54.2	0.266	58.8	0.231	63.4	0.198	68.0	0.168

T/%	A	T/%	A	T/%	A	T/%	A	T/%	A
68.1	0.167	72.7	0.138	77.3	0.112	81.9	0.087	86.5	0.063
68.2	0.166	72.8	0.138	77.4	0.111	82.0	0.086	86.6	0.062
68.3	0.166	72.9	0.137	77.5	0.111	82.1	0.086	86.7	0.062
68.4	0.165	73.0	0.137	77.6	0.110	82.2	0.085	86.8	0.061
68.5	0.164	73.1	0.136	77.7	0.110	82.3	0.085	86.9	0.061
68.6	0.164	73.2	0.136	77.8	0.109	82.4	0.084	87.0	0.060
68.7	0.163	73.3	0.135	77.9	0.108	82.5	0.084	87.1	0.060
68.8	0.162	73.4	0.134	78.0	0.108	82.6	0.083	87.2	0.059
68.9	0.162	73.5	0.134	78.1	0.107	82.7	0.082	87.3	0.059
69.0	0.161	73.6	0.133	78.2	0.107	82.8	0.082	87.4	0.058
69.1	0.160	73.7	0.132	78.3	0.106	82.9	0.081	87.5	0.058
69.2	0.160	73.8	0.132	78.4	0.106	83.0	0.081	87.6	0.057
69.3	0.159	73.9	0.131	78.5	0.105	83.1	0.080	87.7	0.057
69.4	0.159	74.0	0.131	78.6	0.105	83.2	0.080	87.8	0.056
69.5	0.158	74.1	0.130	78.7	0.104	83.3	0.079	87.9	0.056
69.6	0.157	74.2	0.130	78.8	0.104	83.4	0.079	88.0	0.055
69.7	0.157	74.3	0.129	78.9	0.103	83.5	0.078	88.1	0.055
69.8	0.156	74.4	0.128	79.0	0.102	83.6	0.078	88.2	0.054
69.9	0.156	74.5	0.128	79.1	0.102	83.7	0.077	88.3	0.054
70.0	0.155	74.6	0.127	79.2	0.101	83.8	0.077	88.4	0.053
70.1	0.154	74.7	0.127	79.3	0.101	83.9	0.076	88.5	0.053
70.2	0.154	74.8	0.126	79.4	0.100	84.0	0.076	88.6	0.053
70.3	0.153	74.9	0.126	79.5	0.100	84.1	0.075	88.7	0.052
70.4	0.152	75.0	0.125	79.6	0.099	84.2	0.075	88.8	0.052
70.5	0.152	75.1	0.124	79.7	0.098	84.3	0.074	88.9	0.051
70.6	0.151	75.2	0.124	79.8	0.098	84.4	0.074	89.0	0.051
70.7	0.151	75.3	0.123	79.9	0.097	84.5	0.073	89.1	0.050
70.8	0.150	75.4	0.123	80.0	0.097	84.6	0.073	89.2	0.050
70.9	0.149	75.5	0.122	80.1	0.096	84.7	0.072	89.3	0.049
71.0	0.149	75.6	0.122	80.2	0.096	84.8	0.072	89.4	0.049
71.1	0.148	75.7	0.121	80.3	0.095	84.9	0.071	89.5	0.048
71.2	0.148	75.8	0.120	80.4	0.095	85.0	0.071	89.6	0.048
71.3	0.147	75.9	0.120	80.5	0.094	85.1	0.070	89.7	0.047
71.4	0.146	76.0	0.119	80.6	0.094	85.2	0.070	89.8	0.047
71.5	0.146	76.1	0.119	80.7	0.093	85.3	0.069	89.9	0.046
71.6	0.145	76.2	0.118	80.8	0.093	85.4	0.068	90.0	0.046
71.7	0.144	76.3	0.118	80.9	0.092	85.5	0.068	90.1	0.045
71.8	0.144	76.4	0.117	81.0	0.092	85.6	0.067	90.2	0.045
71.9	0.145	76.5	0.116	81.1	0.091	85.7	0.067	90.3	0.044
72.0	0.143	76.6	0.116	81.2	0.090	85.8	0.066	90.4	0.044
72.1	0.142	76.7	0.115	81.3	0.090	85.9	0.066	90.5	0.043
72.2	0.142	76.8	0.115	81.4	0.089	86.0	0.065	90.6	0.043
72.3	0.141	76.9	0.114	81.5	0.089	86.1	0.065	90.7	0.042
72.4	0.140	77.0	0.114	81.6	0.088	86.2	0.064	90.8	0.042
72.5	0.140	77.1	0.113	81.7	0.088	86.3	0.064	90.9	0.041
72.6	0.139	77.2	0.112	81.8	0.087	86.4	0.063	91.0	0.041

T /%	A	T /%	A	T /%	A	T /%	A	T /%	A
91.1	0.040	93.0	0.032	94.9	0.023	96.8	0.014	98.7	0.006
91.2	0.040	93.1	0.031	95.0	0.022	96.9	0.014	98.8	0.005
91.3	0.040	93.2	0.031	95.1	0.022	97.0	0.013	98.9	0.005
91.4	0.039	93.3	0.030	95.2	0.021	97.1	0.013	99.0	0.004
91.5	0.039	93.4	0.030	95.3	0.021	97.2	0.012	99.1	0.004
91.6	0.038	93.5	0.029	95.4	0.020	97.3	0.012	99.2	0.004
91.7	0.038	93.6	0.029	95.5	0.020	97.4	0.011	99.3	0.003
91.8	0.037	93.7	0.028	95.6	0.020	97.5	0.011	99.4	0.003
91.9	0.037	93.8	0.028	95.7	0.019	97.6	0.011	99.5	0.002
92.0	0.036	93.9	0.027	95.8	0.019	97.7	0.010	99.6	0.002
92.1	0.036	94.0	0.027	95.9	0.018	97.8	0.010	99.7	0.001
92.2	0.035	94.1	0.026	96.0	0.018	97.9	0.009	99.8	0.001
92.3	0.035	94.2	0.026	96.1	0.017	98.0	0.009	99.9	0.0
92.4	0.034	94.3	0.026	96.2	0.017	98.1	0.008	100.0	0.0
92.5	0.034	94.4	0.025	96.3	0.016	98.2	0.008		
92.6	0.033	94.5	0.025	96.4	0.016	98.3	0.007		
92.7	0.033	94.6	0.024	96.5	0.016	98.4	0.007		
92.8	0.032	94.7	0.024	96.6	0.015	98.5	0.007		
92.9	0.032	94.8	0.023	96.7	0.015	98.6	0.006		

内 容 提 要

　　本书分绪论、实验、附录三部分。其中选编了 23 个实验,内容涉及化学热力学、电化学、化学动力学、表面化学和胶体化学等。每个实验均写有实验目的、预习要求、实验原理、仪器和药品、实验步骤、实验注意事项、实验记录和数据处理、思考题和参考资料等内容。

　　本书可供高等院校制浆造纸、皮革工程、材料工程、硅酸盐工程、食品工程、生物化工、化学工程、应用化学等专业使用,也可供工科类的高职高专院校师生参考。

化学工业出版社读者联系卡

欢迎您阅读参考我社出版的图书。为了更好地做好服务工作，我们恭候您的宝贵意见，作为今后制订出书计划、改进销售服务的决策依据。敬请填写后寄回。

您购阅的图书名称：
您对本书内容等方面的意见和建议：
您还希望我社提供哪些方面的图书：
您对我社图书宣传、销售方面有何希望与建议：
您从何处获知本书(划√) □中国化工报　□中国石化报　□《化工进展》期刊　□邮购订单 □书店陈列　　□他人介绍　　□其他途径：＿＿＿＿＿＿＿＿
您拥有我社出版的哪些书籍(列举数种)：
您是否要求我社定期为您寄送图书目录(划√)：　□是　　　□否
姓名：＿＿＿＿＿＿　出生年月：＿＿＿年＿＿月　联系电话：＿＿＿＿＿＿ 通讯地址：＿＿＿＿＿＿＿＿＿＿＿＿＿＿＿＿　邮编：＿＿＿＿＿＿ E－mail：＿＿＿＿＿＿　学历：＿＿＿＿＿＿　职务或职称：＿＿＿＿＿＿

请您复印本表(或裁下)，填写后寄往：北京市东城区青年湖南街 13 号(邮编100011)化学工业出版社总编室收。